FROZEN
BREAD
DOUGH

FROZEN BREAD DOUGH

베이커리 생산성 향상을 위한

냉동반죽 베이킹

홍상기 지음

BnCworld

PROLOGUE

냉동반죽
베이킹에 대해

기술자 혼자 빵을 만들고, 판매하고, 게다가 음료까지 제조하는 매장이 늘고 있습니다. 그러나 혼자 그 많은 일을 하면서 베이커리나 카페를 운영한다는 건 쉬운 일이 아닙니다. 사정이 이렇다 보니 조금이라도 제조공정을 최적화할 수 있는 방법을 찾는 분들이 많습니다. 조금 여유가 있는 매장이라면 도 건디서너를 구비하고 있겠지만 이 경우에도 정확한 사용법을 몰라 일반적인 공정으로 작업하는 분도 적지 않습니다. 때문에 반죽을 매일 하지 않고 빵을 만들 수 있는 방법은 없는지, 반죽을 한 번에 만들어 놓고 냉동 보관했다가 사용해도 되는지 묻는 분들이 참 많습니다. 이 책은 이런 물음에 대한 답을 하고자 기획되었습니다.

냉동반죽은 빵의 맛이나 식감 등 품질을 떨어뜨리지 않으면서 제빵 스케줄을 좀 더 유연하게 컨트롤 할 수 있는 좋은 방법입니다. 냉동반죽보다 편의성이 조금 떨어질 수는 있으나 반죽을 장시간 저온 숙성하는 것도 시간 조절이라는 면에서는 수제빵집의 고유성을 드러낼 수 있는 좋은 방법입니다. 하지만 이 두가지 방법 모두 적합한 반죽을 만들기 위해서는 발효의 핵심인 효모를 이해하는 것이 무엇보다 중요합니다. 특히 요즘은 개량제 사용을 지양하는 베이커리들이 늘고 있기 때문에 효모에 대한 보다 깊은 이해가 필요합니다.

아무쪼록 그동안의 경험과 노하우를 담은 이 책이 베이커리 매장을 운영하시는 분들이나 업계 종사자들, 공부하는 학생들, 그리고 빵을 사랑하는 홈베이커들 모두에게 실질적인 도움이 되길 기원합니다. 끝으로 이 책의 발간을 위해 함께 해준 비앤씨월드 출판부에 감사를 전합니다.

베이킹 아카데미 4계 홍상기

CONTENTS
목차

INTRO

냉동반죽을 만들기 위해서는 먼저 냉동반죽에 대한 기본적인 이해가 필요하다.
베이킹 특성상 레시피대로 작업을 해도 개개인의 각기 다른 환경 조건으로 인해
여러 가지 변수가 발생하기 마련인데, 이때 전반적인 이론을 숙지하고 있다면
큰 도움이 될 것이다. 다음 페이지에서는 냉동반죽에 대한 개념을 시작으로
관련 제빵 지식과 제법, 냉동반죽의 공정 등을 살펴보겠다.
본문에서 사용한 천연발효종 만드는 법, 이스트에 대한 Q&A,
저온숙성 발효의 핵심 공정 등도 눈여겨 보자.

[INTRO]

냉동반죽의
기초

FROZEN DOUGH

냉동법의 이해

**냉동법과
냉동반죽에
대해**

빵은 구운 후 시간이 지나면 점차 전분의 노화가 진행되면서 풍미를 잃는다. 때문에 베이커리에서는 신선한 상태의 빵을 공급하기 위해 매일 빵을 굽는다. 그러나 수많은 반죽을 매일 만들어 빵을 구워 내는 일이 현실적으로 쉬운 일은 아니다. 소규모 베이커리라면 더욱 그렇다. 아침 일찍 매장에 빵을 진열하기 위해서는 새벽부터 불을 밝혀야 하고 생산 스케줄을 맞추기 위해선 저녁 늦게까지 장시간 노동에 시달려야 한다. 경영의 측면에서도 강도 높은 장시간의 노동에 따른 인건비를 감당하는 일은 부담스러울 수밖에 없다. 이럴 때 베이커리 운영에 도움을 줄 수 있는 것이 바로 냉동반죽이다. 일반적으로 제빵에서 냉동반죽이라 하면 가맹본부의 공장이나 전문 생산업체에 의해 양산되어 납품되는 반죽을 가리킨다. 그러나 이 책에서는 베이커리에서 직접 반죽을 만들어 냉동고에 넣었다가 필요할 때 꺼내 굽는 제법을 소개하고자 한다. 별도의 첨가물 없이 이스트, 믹싱, 발효에 약간의 변화를 주는 것만으로 지금까지와는 다른 냉동반죽을 만들어낼 수 있으며 길게는 한 달 이상도 보관 가능하고 대부분의 빵 종류에 적용이 가능하다. 때문에 익혀두면 베이커리를 운영할 때 큰 도움이 될 것이다. 그럼 냉동반죽을 위한 기본적 지식을 알아보자.

**냉동반죽의
종류**

① 반죽 냉동

② 분할냉동반죽

③ 성형냉동반죽

④ 발효냉동반죽

⑤ 파베이크드(Parbaked)

⑥ 제품 냉동

① **반죽 냉동**

믹싱 후 바로 냉동시키는 반죽이다. 효모가 활동을 시작하기 전에 바로 냉동하기 때문에 반죽 자체의 품질 유지는 비교적 쉽지만 1차 발효, 분할, 성형 및 2차 발효 단계를 거쳐야 하는 만큼 편의성이 떨어져 실제로는 잘 사용하지 않는다. 하지만 일부에서 계량제를 넣어 이러한 방법을 사용하는 경우도 있다.

② **분할냉동반죽**

1차 발효를 마친 반죽을 분할하여 둥글리기 해 냉동한 형태의 반죽이다. 해동 후 성형 및 2차 발효를 거쳐야 하지만, 반죽의 크기가 작아 해동 시간이 짧고 반죽 냉동에 비해 온도차가 적어 발효 또한 골고루 이루어질 수 있다. 냉동으로 인한 품질 손상이 적으며 장기간 보관할 수 있다는 장점도 있다. 또한 모든 종류의 제품에 적용할 수 있어 활용도도 높다.

③ **성형냉동반죽**

성형 후 냉동한 반죽으로, 해동 후 2차 발효한 다음 구우면 바로 판매가 가능하기 때문에 사용하기 가장 편리하다. 분할냉동반죽보다 품질은 다소 떨어지지만 편의성이 뛰어나다. 대부분의 양산 냉동반죽이 이 형태로 제조된다. 2차 발효 직전까지의 공정이 완료된 형태이기 때문에 RTP(Ready to Proof)라고도 한다.

④ **발효냉동반죽**

2차 발효까지 완료된 반죽을 냉동시킨 것이다. 해동 후 바로 구울 수 있어 편의성은 가장 뛰어나지만 품질에 문제가 생기는 경우가 많아 적용할 수 있는 제품의 종류가 한정적이다. 주로 푀이타주, 퍼프 페이스트리 형태의 반죽에 적용된다. RTB(Ready to Bake)라고도 한다.

⑤ **파베이크드 Parbaked**

2차 발효까지 완료된 반죽을 글루텐이 경화될 때까지만 초벌로 구워낸 형태의 제품이다. 슈퍼마켓에서 판매하는 냉동 피자 같은 제품이 이 형태에 해당된다. 굽는 과정이 두 번에 걸쳐 이루어지기 때문에 품질에 문제가 발생하기 쉽다. 다만 별다른 공정 없이 굽기만 하면 신선한 제품을 먹을 수 있어 주로 일반 소비자를 대상으로 한 제품이 많다.

⑥ **제품 냉동**

굽기까지 완료한 완제품을 냉동한 것이다. 제과에서는 냉동을 해도 품질의 저하가 없으므로 완제품이나 가 요소들을 냉동하는 공정이 일반적이지만 제빵인 경우에는 품질의 저하가 불가피하다. 완제품이기 때문에 다시 데우기만 하면 바로 소비할 수 있는 편리함이 유일한 장점이다.

1차 발효

분할

성형

2차 발효

굽기

반죽 냉동 ① —

분할냉동반죽 ② —

성형냉동반죽 ③ —

발효냉동반죽 ④ —

파베이크드 ⑤ —

제품 냉동 ⑤ —

이러한 형태의 냉동반죽들은 프랜차이즈 업체나 대형 양산업체를 통해 프랜차이즈 매장이나 일부 베이커리로 공급되어 매장 운영의 유연성을 확보하는 데 도움을 준다. 전문 베이커리가 아닌 카페 매장도 냉동반죽을 활용하면 제빵 관련 설비나 인력 없이도 갓 구운 빵을 내놓을 수 있다는 장점이 있다. 한편 믹싱부터 굽기까지 모든 공정을 매장에서 담당하는 자연 수제 베이커리인 경우에도 냉동반죽을 직접 생산해 활용할 수 있다. 이 책에서 다루고자 하는 것은 이런 다양한 형태의 베이커리에서 냉동반죽을 활용해 생산 스케줄을 유연하게 조절하는 방법이다. 여기서는 가장 활용도가 높으면서도 품질이 뛰어난 분할냉동반죽을 활용해 다양한 제품을 생산하는 방법 위주로 소개하도록 하겠다.

기본 제빵 지식

밀가루

밀가루의 선택

밀가루의 종류가 제한적이던 예전과 달리 근래에는 우리나라에도 많은 밀가루가 유통되고 있다. 단백질과 회분 함량, 영양강화 여부 등이 각기 다른 밀가루가 수입, 제조되고 있기 때문에 '어떤 밀가루를 쓸 것인가'라는 또 다른 고민에 직면하게 된다. 밀가루는 빵에서 가장 큰 비중을 차지하는 재료이므로 밀가루에 대한 폭넓은 지식을 습득하고 반복적인 경험을 통해 만들고자 하는 제품에 적합한 밀가루를 찾아내도록 한다. 가장 맛있는 빵을 만들기 위해 선행되어야 할 일 중 하나이다.

본문에 나오는 밀가루의 종류와 특징

밀가루 종류	밀 원산지	단백질	회분	적용
국내 제분 강력분	캐나다, 미국 등	12~12.6%	0.26~0.30%	부드러운 빵
프랑스밀가루 T55	프랑스	11%	0.55%	바게트, 크루아상
프랑스밀가루 T65	프랑스	10.6~11.6%	0.62~0.75%	바게트, 캄파뉴
캐나다산 강력분	캐나다	12~13.5%	0.3~0.5%	캄파뉴, 포카치아

① 국내 제분 강력분

국내에서 제조한 밀가루는 대부분 흰색을 띠는 밀가루로 모든 빵을 만드는 데 사용할 수 있다. 회분 함량이 낮은 일등급, 또는 제분을 한 번 정도 덜한 제빵용으로 구분된다. 국내 제분 밀가루는 우리나라 실정에 가장 잘 맞는 소프트 계열의 빵을 만드는 데 주로 사용하며, 빵을 만들었을 때 속결이 부드럽고 볼륨이 좋아 가장 보편적으로 사용하는 밀가루이기도 하다. 본문에서 사용한 강력분은 대한제분의 코끼리 강력밀가루(빵용)이며, 국내에서 제분한 밀가루라면 제분사에 관계없이 반죽 목적에 따라 대체가 가능하다.

② **프랑스밀가루 T55**

밀 추출율이 높은 준강력분에 해당되며 제품에 따라 영양강화를 목적으로 첨가되는 성분이 있을 수 있다. 첨가되는 성분에 따라 반죽의 탄력성과 오븐에서의 팽창률이 달라지므로 밀가루의 성분을 꼼꼼히 체크해 사용하도록 한다. 본문에서 사용한 밀가루는 La farine du chef T55이며 개량제 첨가없이 100% 밀로 구성돼 있다. 회분 함량이 높은 편이라서 주로 바게트나 캉파뉴처럼 구수한 맛을 내는 데 사용되며 페이스트리에도 적합하다.

③ **프랑스밀가루 T65**

T65는 T55에 비해 회분 함량이 높은 밀가루로 더 짙은 색을 띤다. 트레디션 T65가 아닌 경우 T55와 마찬가지로 밀가루 외 영양강화의 목적으로 첨가되는 성분이 있을 수 있다. 첨가 성분이 있을 경우에는 이로 인해 반죽의 탄력성이 좋아지며 수분 보유력이 뛰어나다는 점을 염두에 두고 레시피를 만들어야 한다. 본문에서 사용한 밀가루는 Campaillette des champs T65이며 밀 글루텐, 호밀가루, 비타민C, 효소 등이 첨가되어 있다. 단백질 함량이 낮은 밀가루와 7:3 정도로 혼합하여 새로운 식감을 만들어 내는 것도 시도해보길 권한다.

tip 국내 밀가루보다 수분율을 2% 증가시켜 작업한다.

④ **캐나다산 강력분**

캐나다에서 생산하는 적색 경질의 봄밀을 제분해 만든 패턴트 밀가루(통밀가루에서 저급한 가루를 빼고 질 좋은 배유만으로 만든 고품질 밀가루)를 말한다. 대표적으로 선픽스206과 실버스타를 꼽을 수 있는데, 두 밀가루 모두 수분과 단백질 함량이 높으며 수용성과 내성이 좋다. 회분율은 실버스타가 약간 더 높지만 전체적으로 큰 구별 없이 사용할 수 있다. 유의할 점은 밀가루의 힘이 좋은 만큼 그에 맞춰 수분율을 높여주지 않으면 오히려 너무 질겨지는 현상이 생길 수 있다. 하지만 수분을 충분히 추가해서 만들면 저온숙성이나 포카치아처럼 진 반죽을 만들기에 적당한 밀가루이다.

tip 국내 밀가루보다 수분율을 2% 증가시켜 작업한다.

| 국내 제분 강력분 | 프랑스밀가루 T55 | 프랑스밀가루 T65 | 캐나다산 강력분 |

이스트

이스트에 대한 이해

빵을 만드는 데 가장 중요한 재료 중 하나가 효모, 즉 이스트이다. 그렇기 때문에 빵을 만드는 사람이 이스트를 제대로 이해하지 못하면 더 깊고 다양한 빵의 세계로 나아가지 못하고 평생 다른 사람에게 배운 대로 만드는 데에 그칠 것이다. 이스트를 잘 이해하면 이스트가 갖고 있는 풍미, 영양소 등을 잘 이끌어내어 자신만의 빵을 만들수 있다.

이스트란?

이스트는 곰팡이의 일종인 단세포 생물로서 우리 주변에 자연히 존재한다. 알려진 이스트의 종류만도 1,000여 개 이상이며 각기 다른 작용을 하는데, 특정 부류의 이스트들은 당을 알코올과 이산화탄소로 분해하는 대사작용을 통해 빵을 부풀리는 역할을 한다. 현재 제빵에 사용하는 상업용 이스트는 가스 생성력이 뛰어나 제빵에 적합하다고 여겨지는 사카로미세스 세레비시아(Saccharomyces cerevisiae)를 인위적으로 배양해 만든 것이다. 이러한 상업용 이스트는 대부분 사탕수수나 사탕무를 설탕으로 정제할 때 나오는 부산물인 당밀을 이스트의 먹이로 사용해 배양한다.

이스트의 형태

액상이스트

① 액상이스트 Liquid Yeast

액상이스트는 수분 함량 80% 내외의 액상 형태의 이스트이다. 수분 함량이 높기 때문에 반죽과 잘 섞이지만 무게와 부피가 많이 나가고 유통기간도 짧다. 파우치, 탱크 형태로 대량 운반해 대형 베이커리나 공장에 공급된다.

② 생이스트 Compressed Yeast

생이스트는 이스트 배양 탱크에서 얻은 이스트를 수분 함량 70% 내외까지 탈수한 다음 압착해 만든다. 별다른 준비 없이 필요한 만큼 부서뜨려 반죽에 바로 넣을 수 있는 편리함이 장점이다. 하지만 수분 함량이 높아 금방 상하기 때문에 냉장 보관이 필요하며 30일 이내에 사용해야 한다.

③ 세미드라이이스트 Semi Dry Yeast

수분 함량 25% 내외의 건조한 이스트로 2년 동안 냉동 보관해도 전체 이스트의 10%만 사멸할 정도로 냉동 내성이 뛰어나 장기 보관용 냉동반죽에 적합하다. 반죽 종류에 따라 바로 사용할 수도 있고 미지근한 물에 풀어서 사용할 수도 있으며 사용량은 생이스트의 40%이다. 냉동으로 최대 2년 동안 보관 가능하며 개봉 후에도 오랜 기간 사용이 가능하다.

| 생이스트 | 세미드라이이스트 | 활성드라이이스트 | 인스턴트드라이이스트 |

④ 활성드라이이스트 Active Dry Yeast

수분 함량 7% 내외의 건조한 이스트로 굵은 알갱이 형태이다. 사용하기 전에 반드시 미지근한 물에 미리 불려 활성화시켜야 한다. 유통기한은 2년이며 실온에서 보관한다.

⑤ 인스턴트드라이이스트 Instant Dry Yeast

수분 함량 5% 내외의 건조한 이스트로 미세한 다공질의 막대기 형태이다. 다른 드라이이스트보다 개선된 공정으로 건조 과정에서 사멸하는 이스트의 수가 적어 발효력이 뛰어나며 미리 활성화할 필요 없이 재료에 바로 섞어서 사용할 수 있다. 하지만 믹싱 시간이 짧은 반죽의 경우 완전히 녹지 않을 수도 있으니 활성드라이이스트와 마찬가지로 미리 물에 불려 사용하는 것이 좋다. 유통기한은 약 2년으로 보존성이 뛰어나지만 산소와 수분을 접하게 되면 시간이 갈수록 활성도가 떨어진다. 따라서 개봉 후에는 최대한 빨리 사용하는 것이 좋으며, 제조사에서는 4일 이내에 사용할 것을 권장하고 있다. 보관할 때는 공기와 접촉하지 않도록 잘 밀봉한다.

	액상이스트	생이스트	세미드라이이스트	활성드라이이스트	인스턴트드라이이스트
수분	78~84%	64~72%	20~26%	6~8%	3~6%
고형질	16~22%	28~36%	74~80%	94~97%	92~94%
유통기한	15일	3~6주	2년	2년	2년
보관	2~6℃	2~6℃	-18~-23℃	실온, 진공	실온

고당 이스트와 저당 이스트

일반적으로 고당 이스트는 설탕이 많이 들어가는 배합에 사용하며 저당 이스트는 설탕이 적게 들어가는 배합에 사용한다.

저당 이스트와 고당 이스트의 사용 기준

① 밀가루 100% 기준 설탕의 양이 5% 이하이면 저당 이스트를 사용한다.
② 밀가루 100% 기준 설탕의 양이 10% 이상이면 고당 이스트를 사용한다.
③ 밀가루 100% 기준 설탕의 양이 5~10% 사이라면 이스트 종류와 상관없이 사용 가능하다.

밀가루 100% 기준

설탕 0%	5%	10%
저당 이스트	저당 이스트·고당 이스트	고당 이스트

이처럼 저당 이스트와 고당 이스트가 나눠져 있는 것은 당분의 양에 따라 적합한 종균성이 다르기 때문이다. 저당 이스트는 밀가루의 전분을 분해하여 먹이로 취할 수 있는 당을 만드는 종균성을 갖고 있다. 반면, 고당 이스트는 당분의 삼투압을 견딜 수 있는 종균성을 지니고 있다.

만약 저당 이스트를 고배합 반죽에 사용하면 삼투압에 의해 정상적인 발효력을 발휘하지 못하며, 반대로 고당 이스트를 저배합 반죽에 사용하면 먹이인 당분이 부족하여 제대로 발효하지 못한다. 따라서 용도에 맞는 이스트를 사용해야 정상적인 발효를 기대할 수 있다.

냉동반죽에 적합한 이스트와 적합하지 않은 이스트

일반적인 이스트는 냉동 온도에서 이스트 일부가 사멸하므로 최종 제품의 발효에 악영향을 미칠 수 밖에 없다. 그러므로 냉동반죽에는 냉동반죽에 적합한 이스트를 사용하는 것이 좋다. 시중에 존재하는 이스트 중 냉동반죽에 가장 적합한 이스트는 세미드라이이스트이다. 세미드라이이스트는 저온에서 내성이 강한 종균으로 배양된 이스트를 동결 건조시킨 제품으로 25% 내외의 수분을 함유하고 있다. 세미드라이이스트는 생이스트와 인스턴트드라이이스트의 단점을 보완하기 위하여 제조된 제품으로, 보관기간이 3개월 이상이고 반죽을 냉동 보관하는 동안 이스트가 최적의 상태로 유지되며 해동하면 보다 안정적으로 발효되는 것이 특징이다.

생이스트의 경우, 70%의 높은 수분 함량으로 냉동반죽 제조 후 1개월 정도 보관할 수 있었지만 얼었던 수분이 해동될 때 이스트 세포막 손상으로 이스트 일부가 사멸해 최종 제품의 발효에 영향을 끼칠 수 있기 때문에 냉동반죽에는 적합하지 않다.

6% 이하의 낮은 수분을 함유하고 있는 인스턴트드라이이스트의 경우, 건조 과정에서 이미 이스트의 세포막이 손상되었기 때문에 냉동반죽 제조 후 보관 기간은 20일 정도이며 이스트의 활성이 감소하여 최종 제품의 발효에도 영향을 주기 때문에 냉동반죽에는 적합하지 않다.

**이스트에 관해
알아야 할
Q&A**

Q 이스트를 계량할 때 주의할 점은 무엇인가?

A 버터, 오일과 같은 유지류와 소금은 이스트의 활동을 방해하므로 이스트에 직접 닿지 않도록 주의해야 한다. 설탕 또한 이스트의 먹이로 사용되지만 이스트와 함께 섞어서 계량해 두면 설탕의 삼투압으로 이스트 일부가 사멸해 발효를 방해할 수 있으니 주의한다. 이스트는 밀가루와 섞어 사용하는 것이 가장 좋다.

Q 인스턴트드라이이스트를 물에 풀어서 사용할 때 주의할 점은 무엇인가?

A 인스턴트드라이이스트를 찬물과 섞으면 갑자기 차가운 환경에 노출된 이스트의 활성도가 급격히 떨어지는 현상이 생긴다. 때문에 28~32℃의 미지근한 물에 풀어서 사용하는 것이 가장 좋다. 물의 양은 이스트의 3배 정도가 적당하다.

Q 생이스트는 어떤 빵에 사용하면 좋은가?

A 생이스트는 모든 반죽에 사용이 가능하며 고당, 저당에 상관없이 필요한 만큼 부서뜨려 사용하면 된다. 다만 냉동반죽에는 적합하지 않으니 사용을 권장하지 않는다.

Q 냉동반죽에 적합한 세미드라이이스트와 다른 이스트의 차이점은 무엇인가?

A 가장 큰 차이는 내냉성(耐冷性)의 유무이다. 세미드라이이스트는 다른 이스트에 비해 반죽을 안정적으로 냉동 보관하고 해동시킬 수 있는 내냉성을 가지고 있다. 세미드라이이스트의 가장 큰 장점이기도 하다.

Q 세미드라이이스트의 정확한 사용법은 무엇인가?

A 세미드라이이스트는 반죽 종류에 따라 투입하는 방식이 다르다. 호밀가루가 들어가는 반죽이나 페이스트리용 반죽은 믹싱시간이 짧기 때문에 이스트가 충분히 풀리지 않을 수 있다. 때문에 이스트를 미지근한 물에 풀어서 사용하는 것이 좋다. 또한 오토리즈 반죽을 이용할 때도 밀가루가 이미 물과 수화된 상태이기 때문에 이스트를 미지근한 물에 풀어 사용하는 것이 좋다. 그 외에는 바로 사용해도 된다.

Q 생이스트를 세미드라이이스트로 대체해 사용할 경우 분량은 어떻게 되는가?

A 일반적인 레시피에서 생이스트를 세미드라이이스트로 대체하고자 할 경우 생이스트 양의 40%를 사용하면 된다. 단, 개봉 직후를 제외하고는 활성도가 감소하는 것을 감안해 50%에 해당하는 양을 사용하는 것이 좋다. 이 같은 이유로 본문에서는 50%를 적용했다.

Q 반죽을 1차 발효 전에 냉동할 경우와 발효 후에 냉동할 경우, 이스트의 활동성에 차이가 있는가?

A 믹싱이 완료된 후 이스트가 활동을 시작하기 전에 냉동고에 넣은 반죽은 해동 후 이스트가 다시 활동하기까지 시간이 오래 걸린다. 반면 사전빌효반죽이나 1차 발효까지 이루어진 반죽의 이스트는 해동 후 활동이 훨씬 더 완성하고 안정감 있는 발효력을 갖게 된다. 그렇기 때문에 1차 발효를 통해 이스트를 어느 정도 활성화시킨 후 냉동고에 넣어 이스트의 활동을 정지시키는 편이 2차 발효 시간도 단축하고 볼륨도 향상시킬 수 있다.

천연발효종

천연발효종이란?

상업용 이스트를 대신해 사용할 수 있는 천연발효종은 밀가루와 공기 중에 자연히 존재하는 효모를 배양해 만든다. 프랑스의 르방(Levain), 독일의 자우어타이크 (Sauerteig), 미국의 사워도 스타터(Sourdough Starter), 야생 효모(Wild Yeast) 등 나라별로 명칭이나 세세한 특징은 다를 수 있으나 본질적으로는 모두 같은 개념이라고 보면 된다. 천연발효종은 효모와 박테리아가 공생하는 복합 유기체로서 빵을 부풀릴 뿐 아니라 오랜 발효의 결과로 만들어지는 각종 향미물질에서 오는 깊은 풍미와 특유의 신맛을 지닌다. 발효종의 신맛은 박테리아인 젖산균과 아세트산균에 의한 것으로, 이중 젖산균은 요구르트와 같은 신맛을, 아세트산균은 식초와 같은 신맛을 만든다. 아세트산균은 젖산균에 비해 낮은 온도에서 활동을 하기 때문에 발효 온도에 따라 발효종이 지니는 신맛은 달라질 수 있다. 발효종의 맛에 정답은 없다. 프랑스에서는 과한 신맛을 발효 실수로 여기는 한편, 미국 샌프란시스코와 같은 곳에서는 차가운 기온이 만들어내는 특유의 신맛이 칭송받기도 한다. 그러므로 어떤 풍미의 발효종을 만들지를 결정하는 것은 전적으로 베이커의 몫이다. 많은 경험을 통해 자신만의 맛을 찾아가는 일은 베이커로서 한 단계 앞으로 나아가는 일이 될 것이다.

다양한 방법으로 만든 발효종이 있는데, 이 책에서는 화이트사워종과 삼곡 르방(삼곡 : 호밀, 통밀, 찰보리)을 사용했다.

① 화이트사워종 만들기

회차	배합	제조과정
1회차	호밀 100g, 물 100g	26℃ 실온에서 24~30시간 발효
2회차	1회차 100g, 강력분 100g, 물 100g	26℃ 실온에서 12~15시간 발효
3회차	2회차 100g, 강력분 100g, 물 100g	26℃ 실온에서 8~10시간 발효
4회차	3회차 100g, 강력분 100g, 물 100g	26℃ 실온에서 6~7시간 발효
5회차	4회차 100g, 강력분 100g, 물 100g	26℃ 실온에서 4~5시간 발효

5회차 리프레시

발효된 상태

tip
실내 환경에 따라 발효 시간에
차이가 발생하기 때문에
발효 상태를 잘 관찰하며 만든다.

② 삼곡 르방 만들기

회차	배합	제조과정
1회차	호밀 100g, 물 100g	26℃ 실온에서 28시간 발효
2회차	1회차 100g, T55 70g, 유기농 통밀가루 20g, 찰보리가루 10g, 물 110g	26℃ 실온에서 18시간 발효
3회차	2회차 100g, T55 70g, 유기농 통밀가루 20g, 찰보리가루 10g, 물 110g	26℃ 실온에서 16시간 발효
4회차	3회차 100g, T55 70g, 유기농 통밀가루 20g, 찰보리가루 10g, 물 110g	26℃ 실온에서 10시간 발효
5회차	4회차 100g, T55 70g, 유기농 통밀가루 20g, 찰보리가루 10g, 물 110g	26℃ 실온에서 6시간 발효

5회차 리프레시

발효된 상태

tip
실내 환경에 따라 발효 시간에
차이가 발생하기 때문에
발효 상태를 잘 관찰하며 만든다.

빵의 기본 제법

스트레이트법

스트레이트법이란?

스트레이트법이란 모든 재료를 한 번에 넣고 믹싱하는 제법으로 직접반죽법이라고도 한다. 편리하고 빠르다는 장점이 있어 자영 수제 베이커리나 홈베이킹에서 가장 많이 사용되고 있지만 다른 제법보다 풍미는 떨어질 수 있다. 같은 스트레이트법이라도 발효 시간을 조절하거나 재반죽을 하는 등의 변화를 주면 또 다른 느낌의 빵을 만들 수 있다.

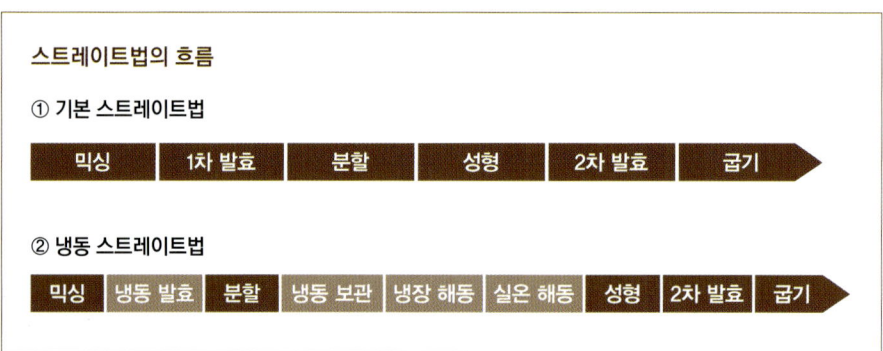

사전발효반죽을 이용한 제법

사전발효반죽이란?

사전발효반죽이란 반죽의 일부를 분리해 미리 발효시킨 반죽을 말하며 스펀지, 풀리시, 비가 등의 반죽이 이에 속한다. 이 같은 사전발효반죽을 이용한 제법으로 빵을 만들면 빵의 풍미가 더욱 향상되고 노화를 늦출 수 있으며 질감 또한 가벼워지는 효과를 거둘 수 있다. 보다 완성도 높은 빵을 만들기 위해 사전발효반죽을 이해하고 잘 활용해 보자.

① 스펀지법 Sponge

스펀지는 우유 식빵이나 단과자 빵과 같은 고배합 반죽에 주로 사용하는 사전발효반죽이다. 일반적으로 밀가루 100% 기준으로 50~70%를 사용하며 이스트와 물, 때로는 다른 부재료를 첨가하여 만들 수도 있다. 최소 약 1시간 동안 발효시킨 후 나머지 다른 재료들과 함께 본 반죽에 넣는다. 스펀지 반죽을 한 번에 만들어놓고 여러 가지 반죽에 사용하면 시간을 아끼면서 빵의 맛을 향상시킬 수 있으며, 특히 브리오슈처럼 유지가 많이 들어가 발효가 오래 걸리는 반죽에 활용하면 안정적인 발효를 통해 가벼운 식감을 만들 수 있다. 최근에는 스펀지법으로 만든 반죽을 묵은 반죽으로 활용하는 사례를 어렵지 않게 볼 수 있다. **＊본문에서 사용한 묵은 반죽은 스펀지법으로 만든 반죽입니다.**

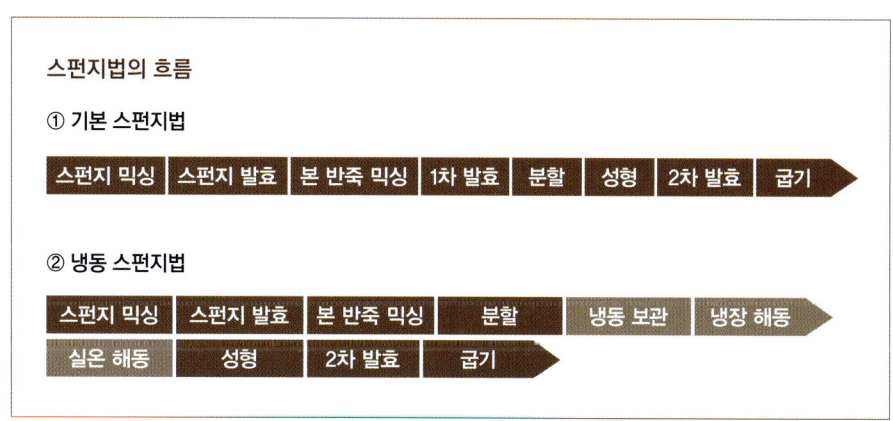

스펀지법의 흐름

① 기본 스펀지법

| 스펀지 믹싱 | 스펀지 발효 | 본 반죽 믹싱 | 1차 발효 | 분할 | 성형 | 2차 발효 | 굽기 |

② 냉동 스펀지법

| 스펀지 믹싱 | 스펀지 발효 | 본 반죽 믹싱 | 분할 | 냉동 보관 | 냉장 해동 |
| 실온 해동 | 성형 | 2차 발효 | 굽기 |

● 스펀지 반죽 만들기

[재료] 강력분(코끼리) 600g, 소금 10g, 세미드라이이스트 2g, 물 400g

01
미서볼에 강력분, 소금, 이스트를 넣고 잘 섞은 다음 물을 넣고 저속 3분, 중속 7분 동안 믹싱한다.

02
실온에서 4시간 동안 발효시켜 본 반죽에 넣거나 실온에서 60분 발효시킨 다음 냉장고에서 16시간 동안 발효시킨다.

03
발효가 끝난 반죽

04
스펀지 반죽의 섬유질

② 풀리시법 Poolish

풀리시란 바게트와 같은 저배합빵을 만들 때 널리 사용하는 사전발효반죽으로 물과 밀가루의 비율이 1:1이다. 소량의 이스트를 사용해 8~16시간의 긴 발효로 효모의 활동을 충분하게 만들어 빵의 구수한 맛을 이끌어 내는 것이 목적이다.

풀리시는 수분량이 많기 때문에 은은한 발효 향을 갖는 장점이 있지만 제조할 때 밀가루와 물이 고르게 잘 섞이도록 주의를 기울여야 한다. 주걱이나 거품기를 사용하여 가볍게 섞어준 후 30분 후에 다시 한 번 가볍게 섞어주면 밀가루와 수분의 수화가 잘 이루어져 보다 안정적으로 풀리시를 완성할 수 있다.

풀리시를 미리 만들어두고 싶다면 수화를 마친 다음 먼저 실온에서 발효시키다가 냉장고에 넣어 나머지 발효를 서서히 마치면 된다. 이때 실온에서의 발효 정도를 30~50% 범위에서 조절하면 최대 48시간 전에 미리 만들어 원하는 시간에 사용할 수 있다.

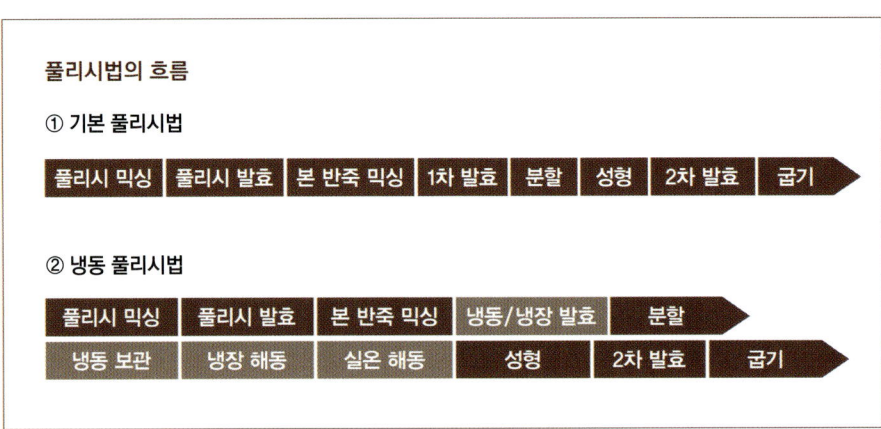

풀리시법의 흐름

① 기본 풀리시법

| 풀리시 믹싱 | 풀리시 발효 | 본 반죽 믹싱 | 1차 발효 | 분할 | 성형 | 2차 발효 | 굽기 |

② 냉동 풀리시법

| 풀리시 믹싱 | 풀리시 발효 | 본 반죽 믹싱 | 냉동/냉장 발효 | 분할 |
| 냉동 보관 | 냉장 해동 | 실온 해동 | 성형 | 2차 발효 | 굽기 |

● 풀리시 반죽 만들기

[재료] 강력분(코끼리) 500g, 이스트 1g, 물 500g

01
볼에 강력분과 이스트를 넣고 섞은 다음 물을 붓고 주걱이나 거품기로 골고루 섞는다.

02
실온에서 30분 동안 수화시킨 다음 다시 한 번 골고루 섞는다.

03
완성된 풀리시 반죽

04
풀리시 반죽의 섬유질

③ 비가 반죽 Biga

비가는 글루텐의 탄력과 빵의 풍미를 좋게 하고 특별한 맛을 더해주는 이탈리아의 사전반죽법이다. 지금은 제분 기술의 발달로 이탈리아에서 생산되는 밀가루의 질이 좋아졌지만 예전에는 빵을 만들기에 글루텐의 힘이 부족한 편이기 때문에 비가 반죽을 사용하기 시작했다고 한다. 비가의 기준으로는 수분 50~60%, 밀가루 50~100%, 이스트 0.1~0.3%로 만들며 믹싱 시간은 믹서기에 따라 다르지만 약 1~2분, 발효는 18~48시간 동안 시킨다. 기준은 이렇지만 비가에서 가장 중요한 점이 전체 밀가루에서 몇 %의 밀가루를 비가에 사용할 것인지를 정하는 것이다. 50~100%로 그 범위가 크기 때문에 비가의 사용량에 따라 빵의 맛이 결정되기 때문이다. 또 밀가루의 사용량에 따라 아래의 표처럼 발효 온도 설정을 다르게 해야 한다.

비가

재료명	g	재료명	g	재료명	g
밀가루	500	밀가루	800	밀가루	1,000
물	250	물	400	물	500
이스트	2	이스트	2	이스트	2
발효실온도	12℃		10℃		8℃

본반죽

재료명	g	재료명	g	재료명	g
밀가루	500	밀가루	200	밀가루	0
물	550	물	400	물	300
소금	20	소금	20	소금	20
올리브오일	30	올리브오일	30	올리브오일	30
몰트농축액	10	몰트농축액	10	몰트농축액	10

비가 반죽의 흐름

① 기본 비가 반죽

비가 믹싱 → 비가 발효 → 본 반죽 믹싱 → 1차 발효 → 분할 → 성형 → 2차 발효 → 굽기

② 냉동 비가 반죽

비가 믹싱 → 비가 발효 → 본 반죽 믹싱 → 분할 → 냉동 보관 → 냉장 해동 → 실온 해동 → 성형 → 2차 발효 → 굽기

● 비가 만들기

[재료] 물(25℃) 250g, 세미드라이이스트(레드) 3g, T45(아빵드밀가루) 500g

01
물에 세미드라이이스트를 넣고 푼다.

02
T45와 물에 푼 이스트를 넣고 스크레이퍼 등을 사용해 골고루 섞는다.

03
용기에 옮겨 담고 비닐로 덮은 뒤 12℃ 냉장고에서 24시간 동안 숙성시킨다.

04
숙성된 반죽

그 외 제법

① 오토리즈법 Autolyse

프랑스의 제빵사인 레이몬 칼벨(Raymond Calvel)이 고안한 방법으로 밀가루와 물을 섞은 반죽을 잠깐 동안 휴지시킨 후 믹싱하는 기법이다. 이렇게 반죽을 휴지시키는 동안 밀가루가 충분히 수화되고 효소 프로테아제(Protease)가 글루텐을 연화시켜 반죽 시간을 단축시킨다. 오토리즈에 소금 등의 다른 재료가 들어갈 경우 수화에 방해가 되기 때문에 물과 밀가루만으로 반죽하는 것을 원칙으로 한다. 수화 시간은 20~30분이 적당하며 결과 온도는 23℃ 이하이다. 계절에 따라 마찰계수가 달라지기 때문에 여름철의 경우 얼음물과 같이 차가운 상태의 물을 사용하고 냉장에서 수화시킨다. 오토리즈가 끝난 반죽은 글루텐의 조직망이 형성돼 길게 잡아당겼을 때 탄력 있게 늘어나는 것을 확인할 수 있다.

tip
오토리즈의
결과 온도(23℃)에 적합한
물 온도 구하는 방법

60 – (실내 온도 + 밀가루 온도) = 사용할 물 온도

예) 실내 온도 20℃,
밀가루 온도 20℃일 때
60 – (20 + 20) = 20
…… 물 온도 20℃

오토리즈법의 흐름

① 기본 오토리즈법

| 오토리즈 믹싱 | 오토리즈 수화 | 본 반죽 믹싱 | 1차 발효 | 분할 | 성형 | 2차 발효 | 굽기 |

② 냉동 오토리즈법

| 오토리즈 믹싱 | 오토리즈 수화 | 본 반죽 믹싱 | 냉장 발효 | 분할 |
| 냉동 보관 | 냉장 해동 | 실온 해동 | 성형 | 2차 발효 | 굽기 |

● 오토리즈 반죽 만들기

[재료] 강력분(코끼리) 1,000g, 물 650g

01
믹서볼에 강력분과 물을 넣고 저속 2분, 중속 1분 동안 믹싱한다.

02
20~30분 동안 수화시켜 20~23℃로 만든다.

03
수화 전 반죽 상태

04
수화 후 반죽 상태

② 탕종법

탕종 반죽은 익반죽의 일종으로 물과 밀가루 등의 곡류를 섞고 전분이 호화될 때까지 가열해 만든다. 이미 한 번 호화된 전분을 넣으므로 빵이 더 부드럽고 촉촉해지는 효과가 있다. 주로 속결이 치밀한 형태의 식빵에 사용하나 그 외의 빵에도 응용이 가능하다.

● 탕종 반죽 만들기

[재료]

강력분(코끼리) ················100g
물 ································ 200g
소금 ································2g

[공정]

01
냄비에 물과 소금을 넣고 끓인다.

02
강력분을 전자레인지에 넣고 30초 동안 작동시켜 65℃로 만든 다음 믹서볼에 넣는다.

tip 전자레인지의 작동시간은 출력에 따라 달라질 수 있으니 온도를 측정하며 조절한다.

03
지속으로 믹싱하면서 끓인 소금물을 넣고 고속 1분, 중속 2분 동안 믹싱한다.

tip 반죽 온도는 65~85℃로 유지하며 85℃가 가장 이상적이다.

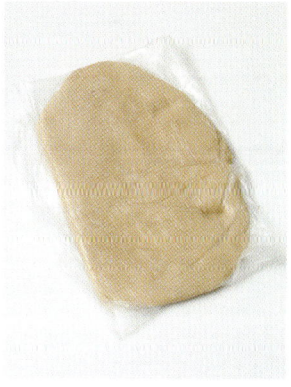

04
반죽을 꺼내 비닐봉지에 넣고 밀착시킨 뒤 냉장고에 하루 동안 보관해 사용한다.

tip 완성된 반죽은 손으로 만졌을 때 달라붙지 않아야 한다.

냉동법의
주요 제빵 공정

믹싱

이 책에서는 믹싱 과정에서 일어나는 반죽의 변화에 따라 믹싱을 1~11단계로 나누었다.

① 1단계 - 픽업 단계 Pick up stage

유지를 제외한 나머지 재료를 저속으로 1~2분 동안 섞어주는 과정으로, 수분이 밀가루에 혼합되는 단계이다. 한 덩어리의 반죽으로 결합되지 않은 질퍽질퍽한 상태로 재료의 분포가 균일하지 않으면 조각으로 분리된다.

② 2~3단계 - 클린업 단계 Clean up stage

반죽이 한 덩어리로 뭉쳐지고 수화가 어느 정도 이루어지는 단계로 글루텐이 형성되기 전이다. 우유 식빵, 버터 식빵, 옥수수 식빵 등의 단과자 반죽은 이 단계에서 유지를 투입한다.

③ 4~5단계 - 발전 단계 시작 Development stage 1

글루텐이 발전하는 단계로 글루텐의 두꺼운 막과 거친 단면에 점차 변화가 생기고 결합과 수화가 진행된다.

④ 6~7단계 - 발전 단계 진행 Development stage 2

믹싱 과정 중 가장 긴 단계로 60~70% 정도 발전된 글루텐에 의해 유지가 잘 코팅되며 반죽이 절반 정도 완성된 상태이다. 이 단계에 들어서면 반죽은 조금씩 매끄러워지며 손으로 잡아 당겼을 때 단단한 힘이 느껴진다. 일반적으로 브리오슈 반죽처럼 유지 함량이 높은 반죽의 경우 이 단계에서 유지를 투입한다. 믹싱 중 유지를 투입할 때는 두 번에 나누어 넣는 것이 좋으며, 반죽 온도는 25℃가 적당하다. 이미 형성된 글루텐이 유지를 충분히 감당할 수 있을 만큼 힘이 있기 때문에 무리 없이 반죽이 잘 이루어진다.

⑤ 8~9단계 - 발전 단계 마무리 Development stage 3

발전이 마무리되는 단계로 반죽을 늘여보면 신전성(伸展性)이 있고 신전성에 대한 저항력도 강하다.

⑥ 10단계 - 최종 단계 Final stage

최종 단계에 이르면 반죽에 충분한 탄력이 생기고 손으로 얇게 폈을 때 투명한 반죽 너머로 손가락 지문이 약하게 비쳐 보일 정도의 상태가 된다. 이때 항상 손으로 반죽을 잡아당겨 보며 반죽의 상태를 확인해보는 습관을 갖는 것이 좋다. 10단계의 반죽은 잡아당겼을 때 되돌아가려고 하는 힘이 전 단계 중 최고 상태가 된다. 난과사 반숙 빛 유지가 늘어가는 대부분의 반죽은 이 단계에서 믹싱이 완료되며 이때 빵의 볼륨은 최고가 된다.

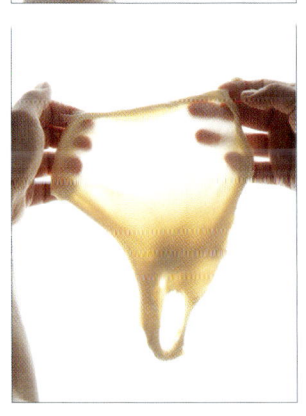

⑦ 11단계 - 냉동반죽 단계 Frozen dough stage

냉동반죽에서 가장 숙지해야 하는 단계이긴 하지만 밀가루의 종류에 따라 힘이 약한 밀가루라면 10단계에서 멈추는 것이 바람직하다. 11단게는 반죽이 탄력을 잃고 늘이지는 렛다운 단게(Let down stage)의 바로 전 단계라 할 수 있다. 일반적인 반죽을 만들 때는 다소 위험한 상태라고 여겨 잘 사용하지 않는 단계이다. 손으로 잡아당겼을 때 저항이 느껴지지만 최종 단계에서의 반죽보다는 좀 더 부드럽게 당겨진다. 이때 중요한 것은 반죽의 최종 온도가 25℃를 넘지 않아야 한다는 점이다.

밀가루 100% 기준일때 버터 사용량에 따른 투입 시기

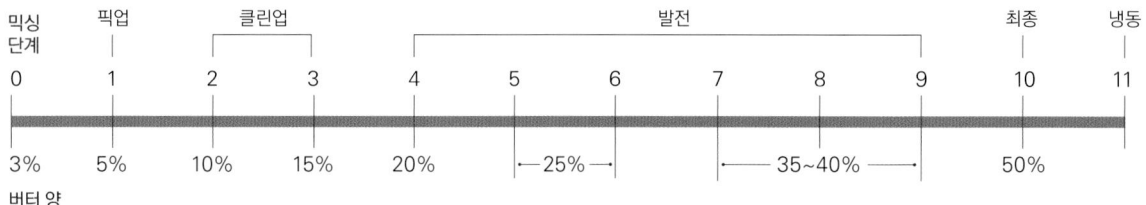

1차 냉동 발효

1차 냉동 발효의 중요성

냉동 보관을 위한 발효는 일반적인 제빵에서의 발효와는 조금 다른 관점에서 보아야 한다. 믹싱을 11단계까지 마친 반죽의 1차 발효는 일반적인 1차 발효와는 다르게 지친 반죽을 안정화시키며 반죽의 온도를 내리는 데 포인트를 둔다. 이렇게 발효를 진행하면서 생성된 매끄러운 막이 반죽 내부의 수분 손실을 막고 효모 또한 안정된 상태를 유지할 수 있는 여건을 만든다.

제법별 냉동 발효 방법

① 스트레이트법

이스트의 양에 따라 1차 발효를 냉동에서 할지 냉장에서 할지 결정한다. 목표는 냉장 또는 냉동고에서 40~50% 정도의 발효 상태와 반죽 온도를 6~10℃로 맞추는 것이다. 반죽의 양이 너무 적으면 발효가 잘 이루어지지 않기 때문에 반죽은 최대 2kg씩 나누어 냉동 발효시킨다.

- **밀가루 1kg 기준, 세미드라이이스트 1% 이상**

이스트의 비중이 1%로 비교적 높은 경우, 믹싱이 끝난 반죽을 바로 냉동고에 넣어도 목표한 대로 발효가 이루어진다. 믹싱이 11단계까지 완료된 반죽에 공기가 들어가지 않도록 랩을 밀착시켜 덮고 반죽을 담은 볼에 다시 랩이나 비닐봉지를 씌워 냉동고에서 180분 동안 발효시킨다. 그리고 나서 반죽의 온도를 고르게 만들기 위해 가장자리 반죽을 안쪽으로 접은 뒤 원하는 크기로 분할하고 공기가 들어가지 않도록 비닐을 밀착시켜 덮은 다음 냉동고에 얼린다.

- **밀가루 1kg 기준, 세미드라이이스트 0.5~1%**

냉장고에서 이스트를 활성화시키기엔 속도가 빠르고 냉동고에서는 늦기 때문에 냉장 발효를 거친 다음 냉동 발효로 넘어가야 한다. 발효시간을 정확히 맞추기 어렵기 때문에 많은 테스트가 필요하다.

- **밀가루 1kg 기준, 세미드라이이스트 0.5% 이하**

바게트처럼 이스트의 양이 적은 경우 이스트의 활동도 늦어진다. 바로 냉동고에 넣으면 1차 발효가 충분히 이루어지지 않아 해동 및 2차 발효에서 차질이 생기기 때문에 정상적인 빵을 만들기 어렵다. 그러므로 이런 경우에는 먼저 냉장고에서 서서히 이스트를 활성화시켜 원하는 정도의 발효를 진행시켜야 한다. 그리고 나서 냉동고에 보관하면 훨씬 안정적이고 크러스트가 얇은 바게트를 만들어 낼 수 있다.

- **밀가루 500g 기준, 세미드라이이스트 1% 이상**

반죽의 양이 적은 경우 반죽이 많을 때와는 다르게 적용해야 한다. 밀가루의 양이 500g이면 반죽의 총 무게는 대략 1,000g이 되는데, 이때 반죽을 바로 냉동고에 넣어 냉동 발효를 시킬 경우 1차 발효가 부족해 안정된 상태의 반죽을 만들 수 없다. 그러므로 반죽을 볼에 담아 냉장고에서 약 60분 동안 냉장 발효시킨 다음 냉동고로 옮겨 냉동 발효를 해야 한다. 냉동 발효 후 반죽 온도는 6~10℃이거나 더 낮아도 무방하다.

tip
이스트가 적게 들어가는 저배합 반죽은 대체로 분할 크기가 크기 때문에 최소 1kg 기준으로 작업한다.

② 스펀지법

이미 발효가 이루어진 스펀지를 사용하기 때문에 1차 발효 없이 빠르게 분할하는 것이 좋다(단 이스트는 스펀지에 전량 사용한다). 가장 편리하고 안전한 방법이다.

분할한 반죽은 비닐을 밀착시켜 공기가 들어가지 않도록 하고 냉동고에 보관한다. 이 책에서는 스펀지 비율이 50~60%일 때를 기준으로 하였으나 그 이상일 때도 같은 방법을 사용한다.

냉동 보관

급속 냉동

반죽을 냉동할 때 가장 좋은 조건은 -30℃의 급속 냉동고를 이용하는 것이다. 이 온도에서는 성분이 다른 식품이라도 단시간에 안정적으로 동시 냉동이 가능하며 저온에 따른 조직 손상두 최소화 된다. 이렇게 순간 냉동시킨 반죽은 -20~-18℃의 일반 냉동고로 옮겨 보관한다.

단, 본문에서는 대부분의 영세업자가 급속 냉동설비를 갖추고 있지 않은 점을 고려해 처음부터 반죽을 일반 냉동고에서 냉동시키는 과정을 소개했다.

tip
급속 냉동 온도는 -30℃가 가장 적합하다. 더 낮은 온도에서는 이스트를 보호하는 효소들이 파괴될 수도 있으므로 주의한다.

냉동 방법

분할냉동반죽의 경우, 분할 후 둥글리기 한 반죽을 최대한 빠른 시간 내에 냉동고에 옮겨야 한다. 이때 반죽 표면에 공기가 닿지 않도록 비닐봉지를 잘 밀착시켜야 하며 반죽끼리 달라붙지 않도록 브레드박스나 철판, 타공팬 등을 이용해 반죽을 담을 수 있다. 단시간에 얼리기 위해 뚜껑을 덮거나 밀폐시키지 않는다.

냉동 기간

반죽의 냉동 보관 기간은 반죽 배합에 따라 짧게는 15일에서 길게는 30일까지 차이가 발생한다. 일반적으로 고배합 반죽이 저배합 반죽보다 보관기간이 긴데, 이는 고배합 반죽에 다량 함유되는 유지, 설탕, 달걀 등의 첨가물이 유화제 역할을 하기 때문이다. 따라서 냉동 상태에서 보다 안정적으로 유지가 되며 해동 또한 큰 자극이나 변화 없이 이루어진다.

해동

냉장 해동

냉장 해동은 얼었던 반죽이 다시 부드러워지며 멈춰있던 이스트들이 서서히 깨어나 다시 움직이기 위해 준비하는 과정이다. 이때 반죽의 크기에 따라 해동에 소요되는 시간이 각기 다른데, 반죽의 분할량이 50g일 경우 약 8시간 전, 그 이상일 경우에는 최대 약 16시간 전에 냉장고로 옮겨 해동시키는 것이 좋다.

실온 해동

① 실온 해동의 목적

냉장고에서 준비 운동을 끝낸 반죽은 이후 실온에서 본격적인 발효 준비에 들어간다. 1차 발효가 충분하지 않았던 효모들은 이때부터 본격적인 운동을 하게 되는데, 실온에서 온도가 올라가며 효모들은 다시 활발하게 운동을 시작하게 되고 반죽에 있는 영양분을 섭취하며 다시 맛있는 빵을 만들기 위한 활동을 하게 된다. 일반 반죽 공정의 벤치타임에 해당되는 시간이기도 하다.

② 재둥글리기의 목적

반죽을 실온으로 옮기고 30분 정도가 지난 다음 차가운 공기로 가득 차 있던 반죽을 다시 둥글리기 하면 새로운 공기가 들어가 반죽의 탄력이 좋아진다. 목표보다 발효가 적게 되어 재둥글리기 이후에도 반죽이 퍼지는 경우에는 성형 전에 한 번 더 재둥글리기를 해주면 좋다.

③ 성형을 위한 최적 온도

재둥글리기가 끝나고 나면 효모의 온도가 상승하면서 활동이 최고조에 이른다. 이때 주의할 점은 너무 낮은 반죽 온도(12~15℃)에서 성형을 하면 따뜻한 발효실에 들어갔을 때 반죽이 늘어져 속결이 좋지 않은 딱딱한 빵이 만들어질 위험이 있다는 것이다. 이를 막기 위해서는 20~23℃일 때 성형을 하는 것이 좋다. 20~23℃의 반죽은 부드러우면서도 효모들의 활발한 활동으로 인해 탄력이 생겨 맛 좋은 빵을 만들기에 적합하다.
나머지 성형, 2차 발효, 굽기 과정은 일반 제빵 공정과 동일하게 진행한다.

저온숙성 발효

저온숙성 발효에 대해

저온숙성 발효는 이스트를 적게 사용하는 대신 장시간의 수화와 발효를 거쳐 보다 좋은 품질의 빵을 만들 수 있는 매우 효과적인 방법이다. 이스트가 적게 들어가더라도 효모는 낮은 온도에서 더 안정적으로 활동을 하기 때문에 아미노산이나 젖산과 같은 좋은 성분을 많이 만들어낸다. 그래서 저온숙성으로 만든 빵은 깊고 구수한 풍미와 촉촉하면서도 쫀득한 식감을 가지며 소화에도 도움을 준다. 저온숙성의 시점은 1차 발효 또는 2차 발효에서 가능하다.

분할 전 저온숙성

공정

① 저배합 반죽

믹싱	실온 발효	접기	저온숙성 발효
실온 발효	분할	벤치타임	성형	2차 발효	굽기

② 브리오슈 반죽

믹싱	저온숙성 발효	실온 발효	분할	성형	2차 발효	굽기

상세 공정(저배합 반죽 기준)

① **실온 발효** : 믹싱이 끝난 후 실온에서 발효시킨다. 이때 어느 시점까지 발효시켜 냉장고에 넣느냐에 따라 반죽의 상태가 달라진다.

② **접기** : 이스트가 적게 들어가는 배합들은 처음에는 반죽이 늘어지는 경우가 있기 때문에 집기 (Folding)를 통해 반죽에 탄력을 주는 과정을 거친다. 레시피에 따라 접기의 횟수는 달라진다.

③ **저온숙성 발효(1차 발효)** : 냉장고에서 본격적인 저온숙성에 들어가며 이때 몇 시간 동안 저온숙성을 할 것인지에 따라 접기의 타이밍도 정해진다. 일반적으로 12~16시간이다.

④ **실온 발효** : 냉장 상태의 반죽 온도는 4℃ 정도이며 실온에 꺼내 다시 이스트를 잠에서 깨워 운동을 시작하게 만드는 공정이다.

⑤ **분할** : 반죽 온도가 16℃가 되면 분할을 한다. 이때 반죽은 이스트의 활발한 운동으로 많이 부풀어 있고 부드러운 상태이다.

⑥ **벤치타임** : 분할한 반죽은 탄력이 강한 상태이기 때문에 성형을 하기 위해서는 휴지가 필요하다. 저온숙성 특성상 이스트가 적게 들어가기 때문에 일반 반죽의 벤치타임보다 긴 40~60분 동안 휴지를 시켜야 충분한 양의 가스가 다시 만들어질 수 있다.

⑦ **성형** : 휴지가 충분히 이루어진 반죽에 힘을 주지 않고 부드럽게 원하는 성형을 한다.

⑧ **2차 발효** : 저배합 반죽들은 2차 발효를 시킬 때 온도, 습도가 높은 곳을 피해야 하며 실온에서 서서히 발효를 시켜야 한다. 습도가 높을 경우 반죽이 늘어지거나 붙는 경우가 생기니 주의한다.

분할 후 저온숙성

공정

믹싱	1차 발효	접기	분할	벤치타임	성형	저온숙성 발효	굽기

상세 공정

① **1차 발효** : 저배합 반죽들의 믹싱 목표 온도는 23~25℃이다. 1차 실온 발효는 가장 중요한 단계이며 이때 발효 시간이 적거나 많으면 최종 결과도 좋지 않다.

② **접기** : 접기 횟수는 반죽의 수분량과 이스트 양, 믹싱 정도에 따라 달라지는데 일반적으로 1~3회 정도이다. 진 반죽의 경우 접기를 통해 반죽에 탄력을 준다.

③ **분할** : 1차 발효가 끝난 반죽은 적당한 크기로 분할하는데 이때 분할 크기에 따라 다음 과정이 달라진다.

④ **벤치타임** : 성형 전 충분히 휴지 시간을 주는 것이 좋다. 이스트의 양이 적은 경우, 발효종만을 사용하는 경우 등 상황에 따라 시간이 달라지지만 본문에서는 60분을 기준으로 레시피를 실었다.

⑤ **성형** : 휴지가 끝난 반죽에는 새로운 가스가 생성되므로 가스가 너무 빠지지 않도록 주의하며 가볍게 성형한다.

⑥ **저온숙성 발효(2차 발효)** : 성형이 끝난 반죽은 실온에서 30~60분 정도 발효시키고 냉장고로 옮겨 10~16시간 동안 저온숙성시킨다.

온도

- 온도에 대한 별도의 표기가 없을 경우 다음을 기준으로 한다.

실온 24℃	**냉장** 2~3℃	**냉동** -20~-18℃

- 발효나 해동할 때의 기준 시간은 참고로 하고 **반죽 온도를 우선**으로 한다.
- 본문에서는 기본적으로 제품을 철판 위에 올리고 굽는다는 가정 하에 온도를 기입했다. 철판을 사용하지 않는 제품은 레시피 공정 내에 따로 표시했다.

시간

소요시간은 분 단위를 기본으로 표기했으며, 180분을 초과할 경우에는 편의상 시간 단위로 표기했다.

오븐

- 데크오븐
  같은 데크오븐이라고 해도 제조국에 따라 온도 차이가 발생할 수 있다. 이 책에서는 유럽산 오븐을 기준으로 했으며, 유럽산 오븐의 경우 국산 오븐보다 일반적으로 윗불이 20℃가량 약하고 아랫불은 거의 같다. 즉, 국산 오븐을 이용할 때는 레시피의 기준 온도보다 윗불을 20℃가량 낮춰서 사용하는 것이 좋다.

- 컨벡션오븐
  컨벡션오븐은 뚜껑을 닫고 굽는 식빵이나 비스킷을 올린 제품에 적합하다. 하드 계열의 빵은 대류열로 인해 윗면이 마르거나 볼륨이 잘 생기지 않을 수 있다. 이를 해결하기 위해선 베이킹스톤이나 동판을 바닥에 설치해, 아주 뜨거운 온도로 예열이 가능한 환경을 만들어줘야 한다. 환경이 조성되었으면 오븐을 최고 온도로 예열시키고 전원을 끈 후 반죽을 넣고 최대한 팽창시킨 다음 다시 전원을 켜고 굽는 과정을 진행하면 된다.

재료

본문에서는 제조공정에 영향을 미칠 수 있는 재료에 한해 상품명이나 제조사를 나란히 표기했다.

- 소금
  레시피에 사용한 소금은 전부 염화나트륨이 70% 이상 함유된 천일염이다. 만일 함량이 다른 제품을 사용할 경우 분량을 1~2g 정도 줄이거나 더하는 등 조절이 필요할 수 있다.

- 버터
  레시피에 사용한 버터는 모두 엘르앤비르의 고메버터이다. 이 버터는 특성상 냉장고에서 꺼내 바로 사용해도 상태가 부드러워 믹싱에 문제가 없으나 다른 버터의 경우 사용 전 미리 실온에 꺼내 두는 것이 좋다.

- 플레인요거트
  굳이 직접 만들 필요 없이 시판용을 사용하면 된다.

- 전지분유와 탈지분유
  전지분유는 원유를 분말 상태로 가공한 것이고, 탈지분유는 원유에서 유지방을 제거한 후 분말 상태로 가공한 것이다. 풍미나 보존기간에 약간의 차이는 있지만 어느 분유를 쓰든 크게 상관없다.

- 분당, 슈거파우더, 데코스노우파우더
  백설탕을 밀가루처럼 곱게 분쇄한 것으로 설탕 100%로 이루어진 것을 분당, 전분을 3~5% 첨가한 것을 슈거파우더라고 한다. 전분을 첨가하면 분말이 잘 굳지 않는 장점이 있지만 많이 사용하면 맛이나 식감이 텁텁해질 수 있다는 단점도 있다. 한편 시간이 지나도 녹거나 뿌옇게 변하지 않도록 미립자에 유지를 코팅한 것을 데코스노우파우더라고 한다.

믹싱 중 반죽 온도를 23~25℃로 유지하는 방법

- 밀가루와 수분이 함유되어 있는 재료를 미리 냉장고에 넣어 온도를 낮추면 믹싱이 끝날 때까지 반죽 온도를 23~25℃로 유지할 수 있다.
- 미리 재료를 냉장하지 못했을 경우 믹싱 마지막에 얼음물을 믹서볼 아래에 받쳐 온도가 상승하는 것을 막는다.
  tip 믹싱 중 수시로 반죽 온도를 확인하면 도움이 된다.

믹싱 11단계 포인트 잡기

믹싱이 10단계인 최종 단계가 되면 11단계에 이르기 전까지 반죽을 여러 번 당겨 보며 탄력을 손에 익히는 것이 중요하다.

냉동 보관할 때의 유의사항

- 냉동 보관기간이 지나면 반죽의 발효력이 급격히 떨어져 2차 발효가 불가능해지기 때문에 구워도 볼륨과 색이 나지 않으며 **딱딱**한 빵이 나오게 된다.
- 냉동 보관기간을 준수하더라도 반죽을 잘 밀봉하지 않았거나 냉동고 문을 자주 열고 닫을 경우 반죽 상태에 변화가 생길 수 있으므로 냉동한 반죽은 최대한 빨리 사용하는 것이 좋다.

냉동반죽법

냉동반죽법에서는 빵 종류에 따라 식빵, 스위트&소프트 브레드, 유러피언 브레드, 데니시 페이스트리로 챕터를 나누어 각각의 레시피를 소개한다. 모두 냉동으로 인한 품질 손상이 가장 적은 기법을 활용했으며 개량제나 유화제, 합성착향료 등의 첨가물을 일절 사용하지 않았다. 배합에 따라 짧게는 15일, 길게는 30일도 보관이 가능한데, 이러한 장점을 활용해 각자의 생산 스케줄에 맞게 적절히 활용한다면 베이커리 운영에 큰 도움이 될 것이다.

PAN
BREADS

식빵은 한국인들에게 가장 사랑받는 빵 가운데 하나로, 아침식사 대용이나 아이들
간식으로 적합하며 요리에도 곁들일 수 있어 활용도가 높다. 이 챕터에서는 손바닥만한
1인용 큐브 식빵부터 온 가족이 둘러앉아 먹을 수 있는 산형 식빵까지 취향과 편의를
고려한 크기와 모양의 식빵을 준비했다. 또한 담백한 우유 식빵부터 크랜베리, 블루베리,
치즈, 초콜릿, 카레, 오징어먹물 등 각종 필링을 이용한 다채로운 식빵을 통해
냉동반죽의 끝없는 변신을 엿볼 수 있다.

1

[PAN BREADS]

식
빵

FROZEN DOUGH

우유 큐브 식빵

스펀지법 ∣ 9~10개 분량

[재료]

스펀지 반죽

강력분(코끼리)	600g
세미드라이이스트(골드)	13g
소금	10g
물	430g

본 반죽

강력분(코끼리)	400g
설탕	80g
분유	20g
소금	7g
우유	280g
플레인요거트	50g
무염버터	80g
탕종 반죽(p.24 참조)	200g
총 중량	**2,170g**

[주요 공정]

스펀지 반죽

믹싱 (8단계)	저속 5분 → 중속 6분 반죽 온도 25~27℃

발효 (실온)	실온 60분

본 반죽

믹싱 (11단계)	저속 3분 → 중속 2분 → 버터 투입 → 중속 2분 → 탕종 반죽 투입 → 중속 8분, 반죽 온도 23~25℃

분할	230g(9.5×9.5cm 식빵틀 기준)

냉동 보관	30일까지 가능

해동 (냉장→실온)	**냉장 해동** 반죽 온도 2~3℃(약 16시간) ▶▶ ▶▶ **실온 해동** 반죽 온도 18~20℃(약 120분)

성형	식빵틀에 팬닝

2차 발효 (발효실)	• **시간** 60~70분 • **온도** 34℃ • **습도** 85%

굽기	• **데크오븐** 윗불 190℃, 아랫불 190℃에서 30분 • **컨벡션오븐** 180℃에서 18분

01
믹서볼에 강력분, 이스트, 소금을 넣고 잘 섞은 다음 물을 넣고 저속 5분, 중속 6분 동안 반죽온도를 25~27℃로 유지하면서 8단계까지 믹싱한다.

02
실온에서 20분 동안 발효시킨다.

tip 발효된 반죽은 1.5배 정도 부피가 커진다.

03
믹서볼에 스펀지 반죽과 함께 버터, 탕종 반죽을 제외한 모든 본 반죽 재료를 넣고 저속 3분, 중속 2분 동안 믹싱한다.

04
반죽에 탄력이 생기는 3단계에서 버터를 넣고 중속으로 2분 동안 믹싱한다.

05
반죽이 매끄러워지는 7단계에서 탕종 반죽을 넣고 중속으로 8분 동안 반죽 온도를 23~25℃로 유지하면서 11단계까지 믹싱한다.

BAKING TIP
믹싱이 끝난 매끄러운 반죽 상태

06
230g씩 분할해 둥글리기 한다.

07
브레드박스에 큰 비닐봉지를 깔고 그 안에 분할한 반죽을 넣어 비닐로 밀착시킨 다음 뚜껑을 덮지 않은 채 냉동고에 넣는다.

tip 30일 동안 냉동 보관이 가능하다.

08

사용 전날 반죽을 냉장고로 옮겨 약 16시간 동안 2~3℃로 해동 시킨다. 다시 실온에서 30분 동안 해동시키고 재둥글리기 한 다음 90분 후 18~20℃가 되면 성형한다.
tip 재둥글리기는 반죽에 산소를 공급하고 탄력을 준다.

09

밀대를 이용해 반죽을 25㎝로 길게 밀어 편다.

10

한 방향으로 단단하고 둥글게 말아준다.

11

이음매를 잘 집어 봉한다.

12

이음매가 안쪽을 향하도록 가운데로 모아 접는다.

13

9.5×9.5㎝ 식빵틀에 넣는다.

14

온도 34℃, 습도 85% 발효실에서 60~70분 동안 발효시킨다.
tip 오븐스프링을 고려해 틀의 00% 까지 발효시킨다.

15

뚜껑을 닫고 윗불 190℃, 아랫불 190℃ 데크오븐에 30분, 또는 180℃ 컨벡션오븐에 18분 동안 굽는다.

우유 산형 식빵

스트레이트법 ㅣ 4개 분량

[재료]

반죽

강력분(코끼리)	1,000g
설탕	100g
분유	20g
세미드라이이스트(골드)	14g
소금	18g
우유	380g
물	330g
플레인요거트	50g
무염버터	80g
낭송 반죽(p.24 참조)	200g
총 중량	**2,192g**

[주요 공정]

믹싱 **(11단계)**	저속 3분 → 중속 3분 → 버터 투입 → 중속 3분 → 탕종 반죽 투입 → 중속 8분 → 고속 1분, 반죽 온도 23~25℃
1차 발효 **(냉동)**	• **시간** 180분　　　　• **반죽 온도** 6~10℃ • **발효** 30~40%
분할	170g×3개 (22×10㎝ 식빵틀 기준)
냉동 보관	30일까지 가능
해동 **(냉장→실온)**	**냉장 해동** 반죽 온도 2~3℃(약 16시간) ▶▶ ▶▶ **실온 해동** 반죽 온도 18~20℃(약 120분)
성형	식빵틀에 팬닝
2차 발효 **(발효실)**	• **시간** 70분　　　　• **온도** 34℃ • **습도** 85%
굽기	• **데크오븐** 윗불 190℃, 아랫불 190℃에서 28분 • **컨벡션오븐** 165℃에서 23분

01

볼에 강력분, 설탕, 분유, 이스트, 소금을 넣고 골고루 섞은 다음 믹서볼에 옮긴다.

tip 반죽 양이 많은 경우 믹서에 넣고 저속으로 섞는다.

02

우유, 물, 플레인요거트를 넣고 저속 3분, 중속 3분 동안 믹싱한 다음 2단계에서 버터를 넣는다.

03

중속으로 3분 동안 믹싱한 다음 7단계에서 탕종 반죽을 넣는다.

04

중속 8분, 고속 1분 동안 반죽 온도를 23~25℃로 유지하면서 11단계까지 믹싱한다.

BAKING TIP

믹싱이 끝난 매끄러운 반죽 상태

05

반죽에 랩을 밀착시켜 덮은 다음 반죽을 담은 볼에 다시 랩이나 비닐봉지를 씌워 냉동고에서 180분 동안 발효시킨다.

BAKING TIP

냉동 발효가 끝난 반죽 온도는 6~10℃이며 30~40% 정도 발효가 진행된 상태이다.

06

반죽의 온도를 고르게 만들기 위해 가장자리 반죽을 안쪽으로 접은 뒤 170g씩 분할해 둥글리기 한다. 브레드박스에 큰 비닐봉지를 깔고 그 안에 분할한 반죽을 넣어 비닐로 밀착시킨 다음 뚜껑을 덮지 않은 채 바로 냉동고에 넣는다.

tip 30일 동안 냉동 보관이 가능하다.

07

사용 전날 반죽을 냉장고로 옮겨 약 16시간 동안 2~3℃로 해동시킨다. 다시 실온에서 30분 동안 해동시키고 재둥글리기 한다.

tip 재둥글리기는 반죽에 산소를 공급하고 탄력을 준다.

08

90분 후 반죽이 18~20℃가 되면 성형한다.

BAKING TIP

반죽을 손가락으로 눌렀을 때 단단하되 얼어있지 않고 탄력이 있는 상태인지 확인한다.

09

밀대로 길게 밀어 편 다음 좌우를 안으로 접고 다시 한쪽 끝을 접는다.

10

그대로 둥글게 말아준다.

11

이음매를 잘 마무리한다.

12

반죽 3개를 22×10㎝ 식빵틀에 넣고 온도 34℃, 습도 85% 발효실에서 70분 동안 발효시킨다.

tip 오븐스프링을 고려해 틀의 80%까지 발효시킨다.

13

윗불 190℃, 아랫불 190℃ 데크 오븐에 28분, 또는 165℃ 컨벡션 오븐에 23분 동안 굽는다.

차밍 브레드 4계

스트레이트법 ┃ 9개 분량

[재료]

반죽

강력분(코끼리)	1,000g
설탕	40g
소금	15g
세미드라이이스트(골드)	10g
생크림	150g
연유	200g
우유	600g
물	50g
무염버터	150g
총 중량	**2,215g**

[주요 공정]

믹싱 **(11단계)**	저속 5분 → 버터 투입 → 저속 5분 → 중속 15분 → 고속 5분 반죽 온도 23~25℃
1차 발효 **(냉동)**	• **시간** 180분 • **반죽 온도** 6~10℃ • **발효** 30~40%
분할	240g(9.5×9.5㎝ 식빵틀 기준)
냉동 보관	20일까지 가능
해동 **(냉장→실온)**	**냉장 해동** 반죽 온도 2~3℃(약 16시간) ▶▶ ▶▶ **실온 해동** 반죽 온도 18~20℃(약 120분)
성형	식빵틀에 팬닝
2차 발효 **(발효실)**	• **시간** 60~70분 • **온도** 30℃ • **습도** 85%
굽기	• **데크오븐** 윗불 190℃, 아랫불 190℃에서 20분 • **컨벡션오븐** 170℃에서 14분

CHEF's NOTE

차밍 브레드 4계는 언뜻 우유 큐브 식빵과 비슷해 보이지만 생크림과 연유가 들어가 더 부드럽고 촉촉하며 고소하다. 밀가루 대비 수분율이 100%로 매우 높아 다른 제품보다 냉동 보관기간이 짧다.

01

볼에 강력분, 설탕, 소금, 이스트를 넣고 골고루 섞은 다음 믹서볼에 옮긴다.

02

생크림, 연유, 우유, 물을 넣고 저속으로 5분 동안 믹싱한 다음 버터를 넣는다.

03

저속 5분, 중속 15분, 고속 5분 동안 반죽 온도를 23~25℃로 유지하면서 11단계까지 믹싱한다.

1차 발효

[BAKING TIP]

믹싱이 끝난 매끄러운 반죽 상태

04

반죽에 랩을 밀착시켜 덮은 다음 반죽을 담은 볼에 다시 랩이나 비닐봉지를 씌워 냉동고에서 180분 동안 냉동 발효시킨다.

[BAKING TIP]

냉동 발효가 끝난 반죽 온도는 6~10℃이며 30~40% 정도 발효가 진행된 상태이다.

BAKING TIP

05

반죽의 온도를 고르게 만들기 위해 가장자리 반죽을 안쪽으로 접은 뒤 240g씩 분할해 둥글리기 한다. 브레드박스에 큰 비닐봉지를 깔고 그 안에 분할한 반죽을 넣어 비닐로 밀착시킨 다음 뚜껑을 덮지 않은 채 바로 냉동고에 넣는다.

tip 20일 동안 냉동 보관이 가능하다.

06

사용 전날 반죽을 냉장고로 옮겨 약 16시간 동안 2~3℃로 해동시킨다. 다시 실온에서 30분 동안 해동시키고 재둥글리기 한 다음 90분 후 18~20℃가 되면 성형한다.

반죽을 손가락으로 눌렀을 때 단단하되 얼어있지 않고 탄력이 있는 상태인지 확인한다.

07

가볍게 가스를 뺀 다음 둥글게 성형해 9.5×9.5㎝ 식빵틀에 넣는다.

08

온도 30℃, 습도 85% 발효실에서 60~70분 동안 발효시킨다.

tip 오븐스프링을 고려해 틀의 70%까지 발효시킨다.

09

뚜껑을 닫고 윗불 190℃, 아랫불 190℃ 데크오븐에 20분, 또는 170℃ 컨벡션오븐에 14분 동안 굽는다.

치즈 식빵

스트레이트법 ㅣ 4개 분량

[재료]

오토리즈 반죽

강력분(코끼리) ············· 1,100g
물A ·································· 576g
우유 ································ 200g

본 반죽

세미드라이이스트(골드) ······· 10g
물B(30℃) ··························· 30g
설탕 ································· 40g
소금 ································· 20g
연유 ································· 50g
물엿 ································· 10g
묵은 반죽 ·························· 200g
무염버터 ···························· 68g
총 중량 ···················· **2,304g**

치즈 필링

롤 치즈 ···························· 200g
체더 치즈(슈레드) ············· 100g

마무리

달걀물 ·························· 적당량

[주요 공정]

믹싱 (11단계)	• **오토리즈 반죽** 저속 2분 → 중속 1분 • **본 반죽** 저속 3분 → 중속 5분 → 버터 투입 → 중속 3분 → 고속 3분, 반죽 온도 23~25℃
1차 발효 (냉동)	• **시간** 180분 • **반죽 온도** 6~10℃ • **발효** 30~40%
분할	280g(12×11㎝ 식빵틀 기준)
냉동 보관	30일까지 가능
해동 (냉장→실온)	**냉장 해동** 반죽 온도 2~3℃(약 16시간) ▶▶▶ ▶▶▶ **실온 해동** 반죽 온도 18~20℃(약 120분)
성형	식빵틀에 팬닝
2차 발효 (발효실)	• **시간** 70분 • **온도** 32℃ • **습도** 90%
굽기	• **데크오븐** 윗불 230℃, 아랫불 220℃ 스팀 주입 후 윗불 180℃, 아랫불 210℃로 낮춰 27분 • **컨벡션오븐** 200℃ 스팀 주입 후 170℃로 낮춰 25분

01
믹서볼에 강력분, 물A를 넣고 저속 2분, 중속 1분 동안 믹싱한다. 반죽을 20~30분 동안 수화시켜 20~23℃로 만든다.

tip 여름에는 냉장, 겨울에는 실온에서 수화시켜 반죽 온도를 맞춘다.

02
오토리즈 반죽에 버터를 제외한 모든 반죽 재료를 넣는다.

tip 이스트는 물B(30℃)에 풀어서 넣는다.

03
저속 3분, 중속 5분 동안 믹싱한 다음 3단계에서 버터를 넣는다.

04
중속 3분, 고속 3분 동안 반죽 온도를 23~25℃로 유지하면서 11단계까지 믹싱한다.

BAKING TIP

믹싱이 끝난 매끄러운 반죽 상태

05
반죽에 랩을 밀착시켜 덮은 다음 반죽을 담은 볼에 다시 랩이나 비닐봉지를 씌워 냉장고에서 180분 동안 냉동 발효시킨다.

BAKING TIP

냉동 발효가 끝난 반죽 온도는 6~10℃이며 30~40% 정도 발효가 진행된 상태이다.

06
반죽의 온도를 고르게 만들기 위해 가장자리 반죽을 안쪽으로 접은 뒤 280g씩 분할해 둥글리기한다. 브레드박스에 비닐봉지를 놓고 분할한 반죽을 넣어 비닐로 밀착시킨 다음 뚜껑을 덮지 않은 채 바로 냉동고에 넣는다.

tip 30일 동안 냉동 보관이 가능하다.

07
사용 전날 반죽을 냉장고로 옮겨 약 16시간 동안 2~3℃로 해동 시킨다. 다시 실온에서 30분 동 안 해동시키고 재둥글리기 한 다 음 90분 후 18~20℃가 되면 성 형한다.

08
타원형으로 만든 다음 반죽을 손 으로 밀어 편다.

tip 밀대를 사용했을 때보다 자연스 러운 기공을 얻을 수 있다.

09
롤 치즈 50g, 체더 치즈 25g을 골고루 올리고 한쪽 방향으로 공기가 들어가지 않도록 촘촘하 게 말아준다.

10
이음매를 잘 마무리해 12×11cm 식빵틀에 넣는다.

11
온도 32℃, 습도 90% 발효실에 서 70분 동안 발효시킨 다음 붓 으로 달걀물을 바른다.

tip 오븐스프링을 고려해 틀의 90% 까지 발효시킨다.

12
윗불 230℃, 아랫불 220℃ 데 크오븐에 철판을 깔지 않은 채 넣고 스팀 주입 후 윗불 180℃, 아랫불 210℃로 낮춰 27분, 또 는 230℃ 컨벡션오븐에 스팀 주 입 후 170℃로 낮춰 25분 동안 굽는다.

tip 치즈 식빵과 같이 버터, 달걀, 설 탕이 적게 들어가는 제품은 아랫불 과 스팀의 힘으로 최대한 빠르게 오 븐스프링을 얻어야 볼륨과 식감이 좋기 때문에 철판 없이 굽는다.

오징어먹물 치즈 식빵

스트레이트법 ┃ 9개 분량

[재료]

반죽

강력분(코끼리)	1,000g
설탕	180g
소금	18g
분유	20g
세미드라이이스트(골드)	15g
오징어먹물	20g
물	570g
달걀	100g
무염버터	80g
총 중량	**2,003g**

치즈 필링

에멘탈 크림치즈	적당량
고다 치즈(다이스)	적당량

토핑

고다 치즈(다이스)	적당량
연유	적당량

[주요 공정]

믹싱 (11단계)
저속 3분 → 중속 3분 → 버터 투입 → 중속 12분 → 고속 1분
반죽 온도 23~25℃

1차 발효 (냉동)
• **시간** 180분   • **반죽 온도** 6~10℃
• **발효** 30~40%

분할
220g(16×8cm 식빵틀 기준)

냉동 보관
30일까지 가능

해동 (냉장→실온)
냉장 해동 반죽 온도 2~3℃(약 16시간) ▶▶▶
▶▶▶ **실온 해동** 반죽 온도 18~20℃(약 120분)

성형
식빵틀에 팬닝

2차 발효 (발효실)
• **시간** 60분   • **온도** 32℃
• **습도** 85%

굽기
• **데크오븐** 윗불 180℃, 아랫불 190℃에서 30분
• **컨벡션오븐** 165℃에서 20분

01

믹서볼에 강력분, 설탕, 소금, 분유, 이스트를 넣고 골고루 섞은 다음 오징어먹물, 물, 달걀을 넣는다.

02

저속 3분, 중속 3분 동안 믹싱한 다음 3단계에서 버터를 넣는다.

03

중속 12분, 고속 1분 동안 반죽 온도를 23~25℃로 유지하면서 11단계까지 믹싱한다.

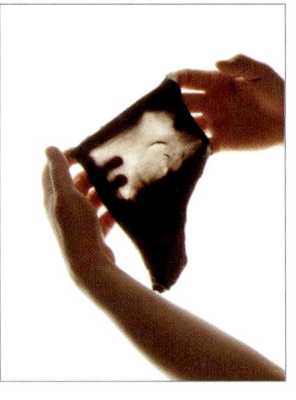

BAKING TIP

믹싱이 끝난 매끄러운 반죽 상태

04

반죽에 랩을 밀착시켜 덮은 다음 반죽을 담은 볼에 다시 랩이나 비닐봉지를 씌워 냉동고에서 180분 동안 발효시킨다.

BAKING TIP

냉동 발효가 끝난 반죽 온도는 6~10℃이며 30~40% 정도 발효가 진행된 상태이다.

05

반죽의 온도를 고르게 만들기 위해 가장자리 반죽을 안쪽으로 접은 뒤 220g씩 분할해둥글리기 한다. 브레드박스에 큰 비닐봉지를 깔고 그 안에 분할한 반죽을 넣어 비닐로 밀착시킨 다음 뚜껑을 덮지 않은 채 바로 냉동고에 넣는다.

tip 30일 동안 냉동 보관이 가능하다.

06

사용 전날 반죽을 냉장고로 옮겨 약 16시간 동안 2~3℃로 해동시킨다. 다시 실온에서 30분 동안 해동시키고 재둥글리기 한 다음 90분 후 18~20℃가 되면 성형한다.

56

BAKING TIP

반죽을 손가락으로 눌렀을 때 단
단하되 얼어있지 않고 탄력이 있
는 상태인지 확인한다.

07

타원형으로 만든 다음 밀대로
30㎝까지 길게 밀어 편다.

08

에멘탈 크림치즈를 지그재그
로 짠 다음 스패튤러로 펼쳐
바른다.

09

고다 치즈를 골고루 올린다.
tip 롤 치즈로 대체할 수 있다.

10

반죽을 아래에서 위로 단단하게
말아서 16×8㎝ 식빵틀에 넣는다.

11

온도 32℃, 습도 85%의 발효실
에서 60분 동안 발효시킨다.

tip 오븐스프링을 고려해 틀의 80%
까지 발효시킨다.

12

치즈가 살짝 보이도록 반죽 가운
데에 칼집을 내고 그 위에 고다
치즈를 1줄 올린다.

13

윗불 180℃, 아랫불 190℃ 데크
오븐에 30분, 또는 165℃ 컨벡
션오븐에 20분 동안 구운 다음
짤주머니에 넣은 연유를 짜서 마
무리한다.

까망베르 크랜베리 식빵

스트레이트법 ┃ 9~10개 분량

[재료]

반죽

강력분(코끼리)	900g
타피오카 전분 믹스(파인소프트T)	100g
설탕	160g
분유	20g
세미드라이이스트(골드)	14g
소금	18g
우유	260g
달걀	100g
물	270g
크림치즈(폴리)	80g
무염버터	150g
탕종 반죽(p.24 참조)	150g
총 중량	**2,222g**

까망베르 크림치즈

크림치즈(폴리)	350g
까망베르 크림치즈(데어리젠)	100g
설탕	40g
슈거파우더	40g
커스터드 믹스	14g

필링

건크랜베리	380g

[주요 공정]

믹싱 (11단계)	저속 2분 → 중속 3분 → 크림치즈, 버터 투입 → 중속 2분 → 탕종 반죽 투입 → 중속 2분 → 고속 3분, 반죽 온도 23~25℃
1차 발효 (냉동)	• **시간** 180분　　• **반죽 온도** 6~10℃ • **발효** 30~40%
분할	230g(9.5×9.5cm 식빵틀 기준)
냉동 보관	30일까지 가능
해동 (냉장→실온)	**냉장 해동** 반죽 온도 2~3℃(약 16시간) ▶▶ ▶▶ **실온 해동** 반죽 온도 18~20℃(약 120분)
성형	식빵틀에 팬닝
2차 발효 (발효실)	• **시간** 70분　　• **온도** 32℃ • **습도** 85%
굽기	• **데크오븐** 윗불 200℃, 아랫불 190℃에서 25분 • **컨벡션오븐** 170℃에서 20분

CHEF's NOTE

까망베르 크림치즈

1 볼에 크림치즈를 넣고 고무주걱으로 부드럽게 풀어준다.
2 까망베르 크림치즈를 넣고 섞는다.
3 나머지 재료를 모두 넣고 섞는다.

01

볼에 강력분, 타피오카, 설탕, 분유, 이스트, 소금을 넣고 골고루 섞은 다음 믹서볼에 옮긴다.

02

우유, 달걀, 물을 넣고 저속 2분, 중속 3분 동안 믹싱한다. 3단계에서 크림치즈를 넣고 잘 섞은 후 4단계에서 버터를 넣는다.

03

중속으로 2분 동안 믹싱한 다음 탕종 반죽을 넣는다.

04

중속 2분, 고속 3분 동안 반죽 온도를 23~25℃로 유지하면서 11단계까지 믹싱한다.

BAKING TIP

믹싱이 끝난 매끄러운 반죽 상태

05

반죽에 랩을 밀착시켜 덮은 다음 반죽을 담은 볼에 다시 랩이나 비닐봉지를 씌워 냉동고에서 180분 동안 발효시킨다.

BAKING TIP

냉동 발효가 끝난 반죽 온도는 6~10℃이며 30~40% 정도 발효가 진행된 상태이다.

06

반죽의 온도를 고르게 만들기 위해 가장자리 반죽을 안쪽으로 접은 뒤 230g씩 분할해 둥글리기 한다. 브레드박스에 큰 비닐봉지를 깔고 그 안에 분할한 반죽을 넣어 비닐로 밀착시킨 다음 뚜껑을 덮지 않은 채 바로 냉동고에 넣는다.

tip 30일 동안 냉동 보관이 가능하다.

07
사용 전날 반죽을 냉장고로 옮겨 약 16시간 동안 2~3℃로 해동시킨다. 다시 실온에서 30분 동안 해동시키고 재둥글리기 한 다음 18~20℃가 되면 다시 한 번 재둥글리기 한다.

08
밀대를 이용해 반죽을 정사각형으로 밀어 편 다음 스패튤러로 까망베르 크림치즈 55g을 펴 바른다.

09
건크랜베리 38g을 올리고 반죽을 아래에서 위로 둥글게 말아준 다음 이음매를 집어 봉한다.

10
칼을 이용해 반죽을 세로 방향으로 길게 잘라 2개로 나눈다.

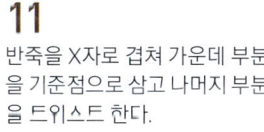

11
반죽을 X자로 겹쳐 가운데 부분을 기준점으로 삼고 나머지 부분을 트위스트 한다.

12
끝을 모아 둥글게 말아서 9.5×9.5cm 식빵틀에 넣는다.

tip 반죽을 잘라 꼬아서 팬닝하면 반죽과 크림 사이에 공간이 생기지 않는다.

13
온도 32℃, 습도 85% 발효실에서 70분 동안 발효시킨다.

tip 오븐스프링을 고려해 틀의 85%까지 발효시킨다.

14
뚜껑을 덮고 윗불 200℃, 아랫불 190℃ 데크오븐에 25분, 또는 170℃ 컨벡션오븐에 20분 동안 굽는다.

카레 야채 식빵

스트레이트법 ┃ 11개 분량

[재료]

반죽

강력분(코끼리)	1,000g
강황가루	2g
카레가루	10g
커민가루	1g
소금	18g
분유	25g
설탕	120g
세미드라이이스트(골드)	14g
날샬	168g
~~우유~~	250g
물	250g
무염버터	100g
탕종 반죽(p.24 참조)	200g
영양부추	70g
양파	100g
당근	50g
청피망	90g
건크랜베리	100g
총 중량	**2,568g**

필링

에멘탈 크림치즈	적당량

마무리

날샬	적당량
무염버터	적당량

[주요 공정]

믹싱 (11단계)	저속 3분 → 중속 3분 → 버터 투입 → 중속 3분 → 탕종 반죽 투입 → 중속 9분 → 고속 1분 → 채소 및 과일 투입, 반죽 온도 23~25℃
1차 발효 (냉동)	• 시간 180분 • 반죽 온도 6~10℃ • 발효 30~40%
분할	230g(16×8cm 식빵틀 기준)
냉동 보관	30일까지 가능
해동 (냉장→실온)	냉장 해동 반죽 온도 2~3℃(약 16시간) ▶▶▶ ▶▶▶ 실온 해동 반죽 온도 18~20℃(약 120분)
성형	식빵틀에 팬닝
2차 발효 (발효실)	• 시간 70분 • 온도 34℃ • 습노 85%
굽기	• 데크오븐 윗불 180℃, 아랫불 190℃에서 28분 • 컨벡션오븐 160℃에서 20분

믹싱

01
볼에 강력분, 강황가루, 카레가루, 커민가루, 소금, 분유, 설탕, 이스트를 넣고 골고루 섞은 다음 믹서볼에 옮긴다.

02
달걀, 우유, 물을 넣고 저속 3분, 중속 3분 동안 믹싱한 다음 탄력이 생기는 3단계에서 버터를 넣는다.

03
중속으로 3분 동안 믹싱한 다음 반죽이 매끄러워지는 7단계에서 탕종 반죽을 넣는다. 중속 9분, 고속 1분 동안 반죽 온도를 23~25℃로 유지하면서 11단계까지 믹싱한다.

04
잘게 썬 영양부추, 잘게 다진 양파, 당근, 청피망, 건크랜베리를 넣고 저속으로 믹싱하면서 골고루 섞는다.

BAKING TIP

믹싱이 끝난 매끄러운 반죽 상태

1차 발효

05
반죽에 랩을 밀착시켜 덮은 다음 반죽을 담은 볼에 다시 랩이나 비닐봉지를 씌워 냉동고에서 180분 동안 냉동 발효시킨다.

BAKING TIP

냉동 발효가 끝난 반죽 온도는 6~10℃이며 30~40% 정도 발효가 진행된 상태이다.

분할·냉동

06
반죽의 온도를 고르게 만들기 위해 가장자리 반죽을 안쪽으로 접은 뒤 230g씩 분할해 둥글리기한다. 브레드박스에 큰 비닐봉지를 깔고 그 안에 반죽을 넣어 비닐로 밀착시킨 다음 뚜껑을 덮지 않은 채 바로 냉동고에 넣는다.

tip 30일 동안 냉동 보관이 가능하다.

해동 | **성형**

07
사용 전날 반죽을 냉장고로 옮겨 약 16시간 동안 2~3℃로 해동시킨다. 다시 실온에서 30분 동안 해동시키고 재둥글리기 한 다음 90분 후 18~20℃가 되면 성형한다.

08
밀대로 반죽을 30㎝까지 길게 밀어 편 다음 에멘탈 크림치즈를 짤주머니에 넣고 지그재그로 짠다.

09
반죽을 아래에서 위로 둥글게 말아 이음매를 다듬고 16×8㎝ 식빵틀에 넣는다.

2차 발효 | **굽기**

10
온도 34℃, 습도 85% 발효실에서 70분 동안 발효시킨다.

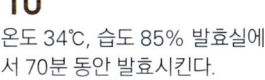

tip 오븐스프링을 고려해 틀의 90%까지 발효시킨다.

11
붓으로 달걀물을 바른다.

12
반죽 가운데에 길집을 살짝 낸 다음 그 위에 짤주머니에 넣은 버터를 짠다. 윗불 180℃, 아랫불 190℃ 데크오븐에 28분, 또는 160℃ 컨벡션오븐에 20분 동안 굽는다.

얼그레이 크랜베리 식빵

스트레이트법 ｜ 13~14개 분량

[재료]

반죽

강력분(코끼리)	1,000g
설탕	80g
소금	18g
세미드라이이스트(골드)	10g
얼그레이	7g
물	680g
무염버터	70g
탕종 반죽(p.24 참조)	200g
건크랜베리	200g
오렌지필	80g
화이트초콜릿	100g
총 중량	**2,445g**

멥쌀 토핑

물	70g
세미드라이이스트(레드 또는 골드)	1g
멥쌀가루	100g
강력분	20g
설탕	19g
소금	2g
녹인 무염버터	26g

[주요 공정]

믹싱 (11단계)	저속 3분 → 중속 3분 → 버터 투입 → 중속 3분 → 탕종 반죽 투입 → 중속 8분 → 건크랜베리, 오렌지필, 화이트초콜릿 투입, 반죽 온도 23~25℃
1차 발효 (냉동)	• **시간** 180분　　　• **반죽 온도** 6~10℃ • **발효** 30~40%
분할	180g (14×6㎝ 식빵틀 기준)
냉동 보관	30일까지 가능
해동 (냉장→실온)	**냉장 해동** 반죽 온도 2~3℃(약 16시간) ▶▶ ▶▶▶ **실온 해동** 반죽 온도 18~20℃(약 120분)
성형	식빵틀에 팬닝
2차 발효 (발효실)	• **시간** 40~50분 → 멥쌀 토핑 바르기 → 20분 • **온도** 32℃　　　• **습도** 85%
굽기	• **데크오븐** 윗불 200℃, 아랫불 200℃에서 스팀 주입 후 28분 • **컨벡션오븐** 230℃에서 스팀 주입 후 170℃로 낮춰 22분

CHEF's NOTE

멥쌀 토핑

1 볼에 물 70g 중 일부와 이스트를 넣고 풀어준다.
　tip 나머지 물은 조정수로 사용한다.

2 나머지 재료를 넣고 잘 섞은 다음 실온에서
　60분 동안 발효시킨다.

01
볼에 강력분, 설탕, 소금, 이스트, 잘게 다진 얼그레이를 넣고 골고루 섞은 다음 믹서볼에 옮긴다.

02
물을 넣고 저속 3분, 중속 3분 동안 믹싱한 다음 2단계에서 버터를 넣는다.

03
중속으로 3분 동안 믹싱한 다음 반죽이 매끄러워지기 시작하는 7단계에서 탕종 반죽을 넣는다.

04
중속으로 8분 동안 반죽 온도를 23~25℃로 유지하면서 11단계까지 믹싱한다. 건크랜베리, 잘게 다진 오렌지필과 화이트초콜릿을 넣고 손으로 섞는다.

BAKING TIP

믹싱이 끝난 매끄러운 반죽 상태

05
반죽에 랩을 밀착시켜 덮은 다음 반죽을 담은 볼에 다시 랩이나 비닐봉지를 씌워 냉동고에서 180분 동안 발효시킨다.

BAKING TIP

냉동 발효가 끝난 반죽 온도는 6~10℃이며 30~40% 정도 발효가 진행된 상태이다.

06
반죽의 온도를 고르게 만들기 위해 가장자리 반죽을 안쪽으로 접은 뒤 180g씩 분할해 둥글리기 한다. 브레드박스에 큰 비닐봉지를 깔고 그 안에 분할한 반죽을 넣어 비닐로 밀착시킨 다음 뚜껑을 덮지 않은 채 바로 냉동고에 넣는다.

tip 30일 동안 냉동 보관이 가능하다.

해동

성형

07

사용 전날 반죽을 냉장고로 옮겨 약 16시간 동안 2~3℃로 해동 시킨다. 다시 실온에서 30분 동 안 해동시키고 재둥글리기 한다.

tip 재둥글리기는 반죽에 산소를 공 급하고 탄력을 준다.

08

90분 후 반죽이 18~20℃가 되 면 성형한다.

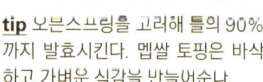

반죽을 손가락으로 눌렀을 때 단 단하되 얼어있지 않고 탄력이 있 는 상태인지 확인한다.

09

밀대로 길게 밀어 편 다음 반죽 끝을 잡고 한쪽 방향으로 말아 준다.

2차 발효

굽기

10

이음매를 잘 봉해 14×6㎝ 식빵 틀에 넣는다.

11

온도 32℃, 습도 85% 발효실에 서 40~50분 동안 발효시킨다.

12

멥쌀 토핑을 반죽에 조심히 바르 고 20분 동안 다시 발효시킨다.

tip 오븐스프링를 고려해 틀의 90% 까지 발효시킨다. 멥쌀 토핑은 바삭 하고 가벼운 식감을 만늘어순나.

13

윗불 200℃, 아랫불 200℃ 데크 오븐에 스팀 주입 후 28분, 또는 230℃ 컨베션오븐에 스팀 주입 후 170℃로 낮춰 22분 동안 굽는다.

블루베리 식빵

스트레이트법 I 7~8개 분량

[재료]

반죽

강력분(코끼리)	750g
설탕	90g
소금	12g
세미드라이이스트(골드)	10g
물	225g
묵은 반죽	150g
냉동 야생블루베리(IQF)	120g
달걀	150g
무염버터	75g
총 중량	**1,582g**

필링

블루베리 리플잼	적당량

마무리

달걀물	적당량

tip

냉동 야생블루베리는 Crop's사(社)의 유럽산 IQF 야생블루베리를 사용했다. IQF(Individual Quick Frozen)는 개별로 급속 냉동시킨 과일을 뜻한다. 생블루베리를 사용할 경우 반죽 색상이 옅을 수 있다. 냉동 블루베리는 미리 실온에 꺼내 안전히 해동시킨 다음 사용한다.

[주요 공정]

믹싱 (11단계)
저속 2분 → 중속 3분 → 버터 투입 → 중속 3분 → 고속 3분
반죽 온도 23~25℃

1차 발효 (냉동)
• 시간 180분 • 반죽 온도 6~10℃
• 발효 30~40%

분할
210g(16×8cm 식빵틀 기준)

냉동 보관
30일까지 가능

해동 (냉장→실온)
냉장 해동 반죽 온도 2~3℃ (약 16시간) ▶▶
▶▶ 실온 해동 반죽 온도 18~20℃ (약 120분)

성형
식빵틀에 팬닝

2차 발효 (발효실)
• 시간 60분 • 온도 32℃
• 습도 85%

굽기
• 데크오븐 윗불 180℃, 아랫불 200℃에서 23분
• 컨벡션오븐 165℃에서 18~20분

01
볼에 강력분, 설탕, 소금, 이스트를 넣고 골고루 섞은 다음 믹서 볼에 옮긴다.

02
물, 묵은 반죽, 해동된 블루베리, 달걀을 넣고 저속 2분, 중속 3분 동안 믹싱한 다음 3단계에서 버터를 넣는다.

03
중속 3분, 고속 3분 동안 반죽 온도를 23~25℃로 유지하면서 11단계까지 믹싱한다.

BAKING TIP

믹싱이 끝난 매끄러운 반죽 상태

04
반죽에 랩을 밀착시켜 덮은 다음 반죽을 담은 볼에 다시 랩이나 비닐봉지를 씌워 냉동고에서 180분 동안 발효시킨다.

BAKING TIP

냉동 발효가 끝난 반죽 온도는 6~10℃이며 30~40% 정도 발효가 진행된 상태이다.

05
반죽의 온도를 고르게 만들기 위해 가장자리 반죽을 안쪽으로 접은 뒤 210g씩 분할해 둥글리기 한다.

06
브레드박스에 큰 비닐봉지를 깔고 그 안에 반죽을 넣어 비닐로 밀착시킨 다음 뚜껑을 덮지 않은 채 바로 냉동고에 넣는다.

tip 30일 동안 냉동 보관이 가능하다.

07

사용 전날 반죽을 냉장고로 옮겨 약 16시간 동안 2~3℃로 해동시킨다. 다시 실온에서 30분 동안 해동시키고 재둥글리기 한다.

tip 재둥글리기는 반죽에 산소를 공급하고 탄력을 준다.

08

90분 후 반죽이 18~20℃가 되면 성형한다.

BAKING TIP

반죽을 손가락으로 눌렀을 때 단단하되 얼어있지 않고 탄력이 있는 상태인지 확인한다.

09

밀대를 이용해 30㎝까지 길게 밀어 편 다음 블루베리 리플잼을 반죽 가장자리를 제외한 안쪽 부분에 골고루 펴 바른다.

10

반죽 아래쪽 양끝을 잡고 들어 올리듯이 말아준다.

11

이음매를 잘 봉한 다음 16×8㎝ 식빵틀에 넣는다.

12

온도 32℃, 습도 85% 발효실에서 60분 동안 발효시킨다.

tip 오븐스프링을 고려해 틀의 90%까지 발효시킨다. 발효 과정에서 한쪽 부분이 터지는 것은 자연스러운 현상이다.

13

붓으로 달걀물을 바르고 윗불 180℃, 아랫불 200℃ 데크오븐에 23분, 또는 165℃ 컨벡션 오븐에 18~20분 동안 굽는다.

초코 식빵

스트레이트법 I 6개 분량

[재료]

반죽

강력분(코끼리)	525g
박력분	150g
코코아파우더	75g
소금	13g
세미드라이이스트(골드)	10g
설탕	128g
묵은 반죽	150g
물	460g
무염버터	120g
총 중량	**1,631g**

가나슈

휘핑크림	150g
다크초콜릿(카카오 함량 55%)	180g
슈거파우더	120g

[주요 공정]

믹싱 (11단계)	저속 3분 → 중속 4분 → 버터 투입 → 중속 7분 → 고속 1분 반죽 온도 23~25℃

1차 발효 (냉동)	• **시간** 180분 　　　　 • **반죽 온도** 6~10℃ • **발효** 30~40%

분할	260g (9.5×9.5㎝ 식빵틀 기준)

냉동 보관	30일까지 가능

해동 (냉장→실온)	**냉장 해동** 반죽 온도 2~3℃(약 16시간) ▶▶ ▶▶ **실온 해동** 반죽 온도 18~20℃(약 120분)

성형	식빵틀에 팬닝

2차 발효 (발효실)	• **시간** 70분 　　　　 • **온도** 32℃ • **습도** 85%

굽기	• **데크오븐** 윗불 190℃, 아랫불 170℃에서 25분 • **컨벡션오븐** 170℃에서 18분

CHEF's NOTE

가나슈

1 냄비에 휘핑크림을 넣고 불에 올려 90℃로 데운다.
2 잘게 썬 다크초콜릿에 붓고 잘 섞어 유화시킨 다음 슈거파우더를 넣고 윤기가 날 때까지 충분히 섞는다.

01
볼에 강력분, 박력분, 코코아파우더, 소금, 이스트, 설탕을 넣고 골고루 섞은 다음 믹서볼에 옮긴다.

02
묵은 반죽과 물을 넣고 저속 3분, 중속 4분 동안 믹싱한 다음 3단계에서 버터를 넣는다.

03
중속 7분, 고속 1분 동안 반죽 온도를 23~25℃로 유지하며 11단계까지 믹싱한다.

BAKING TIP

믹싱이 끝난 매끄러운 반죽 상태

04
반죽에 랩을 밀착시켜 덮고 반죽을 담은 볼에 다시 랩이나 비닐봉지를 씌워 냉동고에서 180분 동안 발효시킨다.

BAKING TIP

냉동 발효가 끝난 반죽 온도는 6~10℃이며 30~40% 정도 발효가 진행된 상태이다.

05
반죽의 온도를 고르게 만들기 위해 가장자리 반죽을 안쪽으로 접은 뒤 260g씩 분할해둥글리기한다. 브레드박스에 큰 비닐봉지를 깔고 그 안에 분할한 반죽을 넣어 비닐로 밀착시킨 다음 뚜껑을 덮지 않은 채 바로 냉동고에 넣는다.

tip 30일 동안 냉동 보관이 가능하다.

06
사용 전날 반죽을 냉장고로 옮겨 약 16시간 동안 2~3℃로 해동시킨다. 다시 실온에서 30분 동안 해동시키고 재둥글리기 한 다음 90분 후 18~20℃가 되면 성형한다.

성형

(BAKING TIP)

반죽을 손가락으로 눌렀을 때 단단하되 얼어있지 않고 탄력이 있는 상태인지 확인한다.

07
손바닥으로 가볍게 눌러 가스를 빼면서 재둥글리기 한다.

08
이음매를 잘 마무리해 9.5×9.5㎝ 식빵틀에 넣는다.

2차 발효

굽기

마무리

09
온도 32℃, 습도 85% 발효실에서 70분 동안 발효시킨다.

tip 오븐스프링을 고려해 틀의 80% 까지 발효시킨다.

10
뚜껑을 닫고 윗불 190℃, 아랫불 170℃ 데크오븐에 25분, 또는 170℃ 컨벡션오븐에 10분 동안 굽는다.

11
완전히 식으면 바닥에 칼로 구멍을 뚫고 가나슈 60g을 짤주머니로 짜 넣는다.

SWEET&SOFT
BREADS

달걀이나 버터 함량이 비교적 높아 부드러운 맛을 내는 제품을
스위트&소프트라는 이름 아래 한데 묶었다. 우리에게 친숙한 단팥빵이나
마늘 바게트부터 독일의 프레첼과 구겔호프, 나아가 미국의 베이글과 각종 번까지
단맛을 기반으로 한 냉동반죽을 두루두루 만날 수 있다. 식빵과 같이 가장 기본적인 냉동반죽 기법을
이용했으며, 스트레이트법 외에도 스펀지법과 풀리시법 레시피를 실어 전문성을 더했다.
조리빵의 핵심이라고 할 수 있는 각종 필링 만드는 방법도 놓치지 말자.

냉 동 반 죽 법

2

[SWEET&SOFT BREADS]

스위트&소프트
브레드

FROZEN DOUGH

단팥빵

스트레이트법 | 21개 분량

[재료]

반죽

강력분(코끼리)	500g
설탕	100g
소금	8g
분유	15g
세미드라이이스트(골드)	8g
물	70g
우유	120g
플레인요거트	50g
달걀	50g
무염버터	90g
탕종 반죽(p.24 참조)	100g
총 중량	**1,161g**

단팥소

통팥앙금	1,470g

마무리

달걀물	적당량
검정깨	적당량

tip
단팥빵 반죽은 단과자 빵에 자유롭게
응용이 가능하다.

[주요 공정]

믹싱 (11단계)	저속 3분 → 중속 5분 → 버터 투입 → 중속 3분 → 탕종 반죽 투입 → 중속 8~10분 → 고속 1분, 반죽 온도 23~25℃
1차 발효 (냉동)	• **시간** 180분 • **반죽 온도** 6~10℃ • **발효** 30~40%
분할	50g
냉동 보관	30일까지 가능
해동 (냉장→실온)	**냉장 해동** 반죽 온도 2~3℃(약 8~12시간) ▶▶ ▶▶ **실온 해동** 반죽 온도 18~20℃(약 120분)
성형	원형
2차 발효 (발효실)	• **시간** 60~70분 • **온도** 32℃ • **습도** 85%
굽기	• **데크오븐** 윗불 210℃, 아랫불 170℃에서 12분 • **컨벡션오븐** 165℃에서 10분

01
볼에 강력분, 설탕, 소금, 분유, 이스트를 넣고 골고루 섞은 다음 믹서볼에 옮긴다.

02
물, 우유, 플레인요거트, 달걀을 넣고 저속 3분, 중속 5분 동안 믹싱한 다음 4단계에서 버터를 넣고 중속으로 3분 동안 믹싱한다.

03
탕종 반죽을 넣고 중속 8~10분, 고속 1분 동안 반죽 온도를 23~25℃로 유지하면서 11단계까지 믹싱한다.

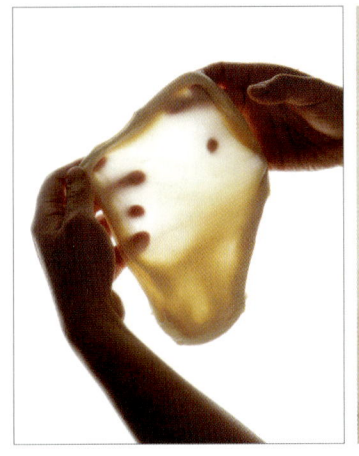

BAKING TIP

믹싱이 끝난 매끄러운 반죽 상태

04
반죽에 랩을 밀착시켜 덮은 다음 반죽을 담은 볼에 다시 랩이나 비닐봉지를 씌워 냉동고에서 180분 동안 발효시킨다.

BAKING TIP

냉동 발효가 끝난 반죽 온도는 6~10℃이며 30~40% 정도 발효가 진행된 상태이다.

05

반죽의 온도를 고르게 만들기 위해 가장자리 반죽을 안쪽으로 접은 뒤 50g씩 분할해 둥글리기 한다. 브레드박스에 큰 비닐봉지를 깔고 그 안에 분할한 반죽을 넣어 비닐로 밀착시킨 후 뚜껑을 덮지 않은 채 바로 냉동고에 넣는다.

tip 30일 동안 냉동 보관이 가능하다.

06

사용 전날 반죽을 냉장고로 옮겨 약 8~12시간 동안 2~3℃로 해동시킨다. 다시 실온에서 30분 동안 해동시키고 재둥글리기 한 다음 90분 후 10~20℃가 되면 성형한다.

tip 재둥글리기는 반죽에 산소를 공급하고 탄력을 준다.

07

손바닥으로 반죽을 가볍게 두드려 가스를 뺀 다음 통팥앙금 70g을 넣고 반죽을 모아 이음매를 잘 봉한다.

08

도구(목란)를 이용해 반죽 가운데 부분을 찍어 누르면서 한쪽 방향으로 돌려 단팥빵 모양을 만든다.

09

붓으로 달걀물을 바르고 온도 32℃, 습도 85% 발효실에서 2배 크기가 될 때까지 60~70분 동안 발효시킨다.

10

한쪽에 검정깨를 묻히고 윗불 210℃, 아랫불 170℃ 데크오븐에 12분, 또는 166℃ 컨벡션오븐에 10분 동안 굽는다.

호두 크림치즈빵

스트레이트법 | 24~25개 분량

[재료]

반죽

강력분(코끼리)	700g
박력분	175g
소금	16g
설탕	120g
분유	17g
세미드라이이스트(골드)	13g
달걀	50g
우유	250g
플레인요거트	100g
물	230g
무염버터	52g
탕종 반죽(p.24 참조)	150g
호두 분태	100g
총 중량	**1,973g**

필링

크림치즈(필라델피아)	625g

마무리

달걀물	적당량
아몬드 슬라이스	적당량

[주요 공정]

믹싱 (11단계)
저속 2분 → 중속 1분 → 버터 투입 → 중속 4분 → 탕종 반죽 투입 → 중속 2분 → 고속 3분 → 호두 투입
반죽 온도 23~25℃

1차 발효 (냉동)
- 시간 180분
- 발효 30~40%
- 반죽 온도 6~10℃

분할
80g

냉동 보관
30일까지 가능

해동 (냉장→실온)
냉장 해동 반죽 온도 2~3℃(약 8~12시간) ▶▶
▶▶ 실온 해동 반죽 온도 18~20℃(약 120분)

성형
막대형

2차 발효 (발효실)
- 시간 60분
- 습도 85%
- 온도 32℃

굽기
- 데크오븐 윗불 200℃, 아랫불 160℃에서 12분
- 컨벡션오븐 165℃에서 10분

01

볼에 강력분, 박력분, 소금, 설탕, 분유, 이스트를 넣고 골고루 섞은 다음 믹서볼에 옮긴다.

02

달걀, 우유, 플레인요거트, 물을 넣고 저속 2분, 중속 1분 동안 믹싱한 다음 3단계에서 버터를 넣는다.

03

중속으로 4분 동안 믹싱한 다음 7단계에서 탕종 반죽을 넣고 중속 2분, 고속 3분 동안 반죽 온도를 23~25℃로 유지하면서 11단계까지 믹싱한다.

BAKING TIP

믹싱이 끝난 매끄러운 반죽 상태

04

호두 분태를 넣고 저속으로 믹싱한다.

05

반죽에 랩을 밀착시켜 덮은 다음 반죽을 담은 볼에 다시 랩이나 비닐봉지를 씌워 냉동고에서 180분 동안 발효시킨다.

BAKING TIP

냉동 발효가 끝난 반죽 온도는 6~10℃이며 30~40% 정도 발효가 진행된 상태이다.

06

반죽의 온도를 고르게 만들기 위해 가장자리 반죽을 안쪽으로 접은 뒤 80g씩 분할해 둥글리기 한다. 브레드박스에 큰 비닐봉지를 깔고 그 안에 분할한 반죽을 넣어 비닐로 밀착시킨 후 뚜껑을 덮지 않은 채 바로 냉동고에 넣는다.

tip 30일 동안 냉동 보관이 가능하다.

07

사용 전날 반죽을 냉장고로 옮겨 약 8~12시간 동안 2~3℃로 해동시킨다. 다시 실온에서 30분 동안 해동시키고 재둥글리기 한 다음 90분 후 18~20℃가 되면 재둥글리기 한다.

tip 재둥글리기는 반죽에 산소를 공급하고 탄력을 준다.

08

밀대를 이용해 반죽을 15㎝까지 길게 밀어 편다.

09

반죽의 매끄러운 면이 바닥을 향하도록 놓고 크림치즈 25g을 올려 말아준 다음 20㎝로 늘인다.

10

빵칼을 이용해 반죽에 크림치즈가 보이도록 동일한 간격으로 칼집을 5개 넣는다.

11

반죽 표면에 붓으로 달걀물을 바른다.

12

아몬드 슬라이스를 골고루 뿌린다.

13

U자 모양으로 만들어 팬닝하고 온도 32℃, 습도 85% 발효실에서 60분 동안 발효시킨다.

14

윗불 200℃, 아랫불 160℃ 데크 오븐에 12분, 또는 165℃ 컨벡션 오븐에 10분 동안 굽는다.

감자 버거번

스트레이트법 ㅣ 27개 분량

[재료]

반죽

강력분(코끼리)	700g
중력분	300g
설탕	50g
분유	20g
세미드라이이스트(골드)	14g
소금	18g
물	370g
우유	380q
플레인요거트	50g
누념버터	80g
감자	200g
총 중량	**2,182g**

마무리

달걀물	적당량
검정깨	적당량

tip

감자는 미리 삶아 으깨어 둔다.

[주요 공정]

믹싱 (11단계)	저속 2분 → 중속 2분 → 버터 투입 → 중속 2분 → 감자 투입 → 중속 2분 → 고속 3분, 반죽 온도 23~25℃

1차 발효 (냉동)	• **시간** 180분 • **반죽 온도** 6~10℃ • **발효** 30~40%

분할	80g

냉동 보관	20일까지 가능

해동 (냉장→실온)	• **냉장 해동** 반죽 온도 2~3℃(약 8~12시간) ▶▶▶ ▶▶▶ **실온 해동** 반죽 온도 18~20℃(약 120분)

성형	원형

2차 발효 (발효실)	• **시간** 60~70분 • **온도** 32℃ • **습도** 85%

굽기	• **데크오븐** 윗불 200℃, 아랫불 160℃에서 14분 • **컨벡션오븐** 170℃에서 10분

CHEF's NOTE

반죽에 들어가는 감자가 글루텐을 약하게 해 다른 단과자 반죽에 비해 냉동 보관 기간이 비교적 짧다.

01

볼에 강력분, 중력분, 설탕, 분유, 이스트, 소금을 넣고 골고루 섞은 다음 믹서볼에 옮긴다.

02

물, 우유, 플레인요거트를 넣고 저속 2분, 중속 2분 동안 믹싱한 다음 3단계에서 버터를 넣는다.

03

중속으로 2분 동안 믹싱한 다음 반죽이 매끄러워지면 삶은 감자를 넣는다.

tip 삶은 감자는 글루텐 형성을 방해하므로 나중에 넣는다.

04

중속 2분, 고속 3분 동안 반죽 온도를 23~25℃로 유지하면서 11단계까지 믹싱한다.

(BAKING TIP)

믹싱이 끝난 매끄러운 반죽 상태

05

반죽에 랩을 밀착시켜 덮은 다음 반죽을 담은 볼에 다시 랩이나 비닐봉지를 씌워 냉동고에서 180분 동안 발효시킨다.

BAKING TIP

냉동 발효가 끝난 반죽 온도는 6~10℃이며 30~40% 정도 발효가 진행된 상태이다.

06
반죽의 온도를 고르게 만들기 위해 가장자리 반죽을 안쪽으로 접은 뒤 80g씩 분할해 둥글리기 한다. 브레드박스에 큰 비닐봉지를 깔고 그 안에 분할한 반죽을 넣어 비닐로 밀착시킨 후 뚜껑을 덮지 않은 채 바로 냉동고에 넣는다.

tip 20일 동안 냉동 보관이 가능하다.

07
사용 전날 반죽을 냉장고로 옮겨 약 8~12시간 동안 2~3℃로 해동시킨다. 다시 실온에서 30분 동안 해동시키고 재둥글리기 한다.

tip 재둥글리기는 반죽에 산소를 공급하고 탄력을 준다.

08
90분 후 반죽이 18~20℃가 되면 철판에 살짝 눌러 팬닝한다.

09
온도 32℃, 습도 85% 발효실에서 60~70분 동안 발효시킨 다음 달걀물을 바른다.

10
검정깨를 뿌리고 윗불 200℃, 아랫불 160℃ 데크오븐에 14분, 또는 170℃ 컨벡션오븐에 10분 동안 굽는다.

호기번

스트레이트법 | 20개 분량

[재료]

반죽

강력분(코끼리)	800g
중력분	200g
세미드라이이스트(골드)	10g
설탕	50g
소금	16g
분유	20g
물	680g
묵은 반죽	200g
무염버터	50g
총 중량	**2,026g**

마무리

우유	적당량
깨	적당량

[주요 공정]

믹싱 (11단계)	저속 3분 → 버터 투입 → 중속 4분 → 고속 3분 반죽 온도 23~25℃
1차 발효 (냉동)	• **시간** 180분 • **발효** 30~40% • **반죽 온도** 6~10℃
분할	100g
냉동 보관	30일까지 가능
해동 (냉장→실온)	**냉장 해동** 반죽 온도 2~3℃(약 8~12시간) ▶▶ ▶▶ **실온 해동** 반죽 온도 18~20℃(약 120분)
성형	막대형
2차 발효 (발효실)	• **시간** 60분 • **습도** 85% • **온도** 32℃
굽기	• **데크오븐** 윗불 220℃, 아랫불 160℃에서 16분 • **컨벡션오븐** 230℃ 스팀 주입 후 180℃로 낮춰 10~12분

01
볼에 강력분, 중력분, 이스트, 설탕, 소금, 분유를 넣고 골고루 섞은 다음 믹서볼에 옮긴다.

02
물과 묵은 반죽을 넣고 저속으로 3분 동안 믹싱한 다음 2단계에서 버터를 넣는다.

03
중속 4분, 고속 3분 동안 반죽 온도를 23~25℃로 유지하면서 11단계까지 믹싱한다.

BAKING TIP

믹싱이 끝난 매끄러운 반죽 상태

04
반죽에 랩을 밀착시켜 덮은 다음 반죽을 담은 볼에 다시 랩이나 비닐봉지를 씌워 냉동고에서 180분 동안 발효시킨다.

BAKING TIP

냉동 발효가 끝난 반죽 온도는 6~10℃이며 30~40% 정도 발효가 진행된 상태이다.

05
반죽의 온도를 고르게 만들기 위해 가장자리 반죽을 안쪽으로 접은 뒤 100g씩 분할해둥글리기한다. 브레드박스에 큰 비닐봉지를 깔고 그 안에 분할한 반죽을 넣어 비닐로 밀착시킨 다음 뚜껑을 덮지 않은 채 바로 냉동고에 넣는다.

tip 30일 동안 냉동 보관이 가능하다.

06
사용 전날 반죽을 냉장고로 옮겨 약 8~12시간 동안 2~3℃로 해동시킨다. 다시 실온에서 30분 동안 해동시키고 재둥글리기한다.

tip 재둥글리기는 반죽에 산소를 공급하고 탄력을 준다.

07
90분 후 반죽이 18~20℃가 되면 성형한다.

08
밀대를 이용해 반죽을 18㎝ 타원형으로 길게 밀어 편다.

09
반죽 아래위를 한쪽씩 가운데로 모아 접고 같은 방향으로 2번 말아준다.

10
이음매를 집어 꼼꼼히 봉한다.

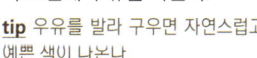

11
온도 32℃, 습도 85% 발효실에서 60분 동안 발효시킨 다음 반죽 표면에 우유를 바른다.

tip 우유를 발라 구우면 자연스럽고 예쁜 색이 나온다.

12
깨를 뿌리고 윗불 220℃, 아랫불 160℃ 데크오븐에 16분, 또는 230℃ 컨벡션오븐에 스팀 주입 후 180℃로 낮춰 10~12분 동안 굽는다.

세몰리나 샌드위치번

풀리시법 | 21~22개 분량

[재료]

풀리시 반죽

강력분(코끼리)	500g
세미드라이이스트(골드)	1g
물	500g

본 반죽

강력분(실버스타)	450g
세몰리나	50g
세미드라이이스트(골드)	9g
바질	10g
파슬리	3g
소금	18g
설탕	30g
무염버터	30g
플레인요거트	50g
물	100g
총 중량	**1,750g**

tip

바질과 파슬리는 잘게 다져 둔다.

[주요 공정]

풀리시 반죽

믹싱	볼에 모든 재료를 넣고 주걱으로 섞은 다음 30분 후 다시 한 번 섞는다.
발효	실온 6시간 발효, 또는 실온 120분 → 냉장 12~16시간 발효

본 반죽

믹싱 (11단계)	저속 3분 → 중속 7분 반죽 온도 23~25℃
1차 발효 (냉동)	• **시간** 180분 　　　• **반죽 온도** 6~10℃ • **발효** 30~40%
분할	80g
냉동 보관	30일까지 가능
해동 (냉장→실온)	**냉장 해동** 반죽 온도 2~3℃(약 8~12시간) ▶▶ ▶▶▶ **실온 해동** 반죽 온도 18~20℃(약 120분)
성형	고리형
2차 발효 (발효실)	• **시간** 80분 　　　• **온도** 30℃ • **습도** 85%
굽기	• **데크오븐** 윗불 240℃, 아랫불 190℃에서 스팀 주입 후 18분 • **컨벡션오븐** 220℃ 스팀 주입 후 180℃로 낮춰 18분

01
볼에 강력분과 이스트를 넣고 섞은 다음 물을 부어 주걱이나 거품기로 덩어리가 없어질 때까지 섞는다.

02
실온에서 30분 동안 수화시키고 다시 한 번 잘 섞는다.

03
실온에서 6시간 동안 발효시킨다. 또는 실온에서 120분 발효시킨 다음 냉장고로 옮겨 12~16시간 동안 발효시킨다.

04
믹서볼에 풀리시 반죽과 함께 모든 재료를 넣는다.

05
반죽 온도를 23~25℃로 유지하면서 저속 3분, 중속 7분 동안 11단계까지 믹싱한다.

BAKING TIP

믹싱이 끝난 매끄러운 반죽 상태

06
반죽을 담은 볼에 랩이나 비닐봉지를 씌워 냉동고에서 180분 동안 발효시킨다.

tip 진 반죽은 랩을 밀착시키면 달라붙을 수 있어 볼째로 랩을 씌운다.

BAKING TIP

냉동 발효가 끝난 반죽 온도는 6~10℃이며 30~40% 정도 발효가 진행된 상태이다.

07
80g씩 분할해 타원형으로 둥글
리기 한다.

08
브레드박스에 큰 비닐봉지를 깔
고 그 안에 분할한 반죽을 넣어 비
닐로 밀착시킨 다음 뚜껑을 덮지
않은 채 바로 냉동고에 넣는다.
tip 30일 동안 냉동 보관이 가능하다.

09
사용 전날 반죽을 냉장고로 옮겨
약 8~12시간 동안 2~3℃로 해
동시킨다. 다시 실온에서 30분
동안 해동시키고 재둥글리기 한
다음 90분 후 18~20℃가 되면
성형한다.

10
밀대로 반죽을 길게 밀어 편다.

11
반죽 끝을 잡고 한쪽 방향으로
가볍게 말아준 다음 손바닥 끝
으로 눌러 모양을 정리한다.

12
바닥에 둥글려 길게 늘인 다음 반
죽의 한쪽 끝을 벌려 다른 한쪽을
십어넣고 물을 묻혀 붙인다.

13
온도 30℃, 습도 85% 발효실에
서 80분 동안 발효시킨다.

14
윗불 240℃, 아랫불 190℃ 데
크오븐에 스팀 주입 후 18분,
또는 220℃ 컨벡션오븐에 스
팀 주입 후 180℃로 낮춰 18분
동안 굽는다.

감자 올리브 베이글

비가 반죽법 ┃ 17개 분량

[재료]

비가 반죽
물(25℃) ························250g
세미드라이이스트(레드) ······3g
T45(아빵드밀가루) ········ 600g

본 반죽
T45(아빵드밀가루) ········ 500g
세미드라이이스트(레드) ······ 5g
탕종 반죽(p.25 참조) ····· 200g
설탕 ·····························80g
소금 ······························18g
몰트농축액 ······················10g
식용유 ···························20g
물·······························250g
버터···························· 60g
건조 블랙올리브(다진 것)···100g
건조 파슬리 가루 ············ 6g
총 중량 ····················· 2,102g

감자 올리브 필링
크림치즈 ·······················100g
삶은 감자 ···················· 300g
파르메산 슈레드 치즈 ·······25g
통후추(간 것) ················ 소량
블랙올리브······················ 50g
그린올리브······················ 25g

데치는 물
물 ···························· 1,000g
설탕 ····························40g

마무리
파르메산 치즈 가루 ······저단량

[주요 공정]

비가 반죽

믹싱	용기에 물에 푼 이스트와 밀가루를 넣고 스크레이퍼로 골고루 섞는다.
발효(10℃)	24시간

본 반죽

믹싱(11단계)	저속 10분, 반죽 온도 24~25℃
냉동 보관	15일까지 가능
해동(냉장)	반죽 온도 2~3℃(약 16시간)
1차 발효	• **시간** 30분　　　　• **온도** 25℃ 실온
분할	120g
해동(실온)	반죽 온도 18~23℃
성형	고리형
2차 발효	• **시간** 40분 • **온도** 실온 또는 • **시간** 3시간 • **온도** 10℃
데치기	96℃ 설탕불에 앞뒤로 30초씩 데친다.
굽기	• **데크오븐** 윗불 190℃, 아랫불 160℃에서18~20분 • **컨벡션오븐** 230℃ 스팀 주입 후 170℃로 낮춰 16~18분

CHEF's NOTE

감자 올리브 필링
1 크림치즈를 부드럽게 푼 뒤 삶은 감자를 넣고 섞는다.
2 파르메산 슈레드 치즈, 후추를 넣고 섞는다.
3 블랙올리브, 그린올리브를 넣고 섞는다.

01
볼에 물과 세미드라이이스트를 넣고 푼다.

02
넓적한 용기에 T45와 물에 푼 이스트를 넣고 스크레이퍼 등을 사용해 골고루 섞는다.

03
깊은 용기에 옮겨 담고 비닐로 덮은 뒤 12℃ 냉장고에서 24시간 동안 발효시킨다.

tip 9~10℃ 냉장고에 보관할 경우 48시간 동안 발효시킨다.

04
믹서볼에 비가, 건조 블랙올리브와 건조 파슬리 가루를 제외한 모든 본반죽 재료를 넣고 저속으로 10분 동안 10단계까지 믹싱한다.

05
다진 건조 블랙올리브와 건조 파슬리가루를 넣고 저속으로 골고루 섞일 때까지 반죽 온도를 24~25℃로 유지하면서 믹싱한다.

tip 블랙올리브를 150℃ 컨벡션오븐에 넣어 15분 동안 건조시키고 다져서 사용한다.

BAKING TIP

믹싱이 끝난 매끄러운 반죽 상태

06
비닐 사이에 반죽을 넣고 납작하게 밀어 펴거나 바로 120g으로 분할한 뒤 타원형으로 둥글리기해 비닐에 담고 냉동고에 넣는다.

tip 15일 동안 냉동 보관이 가능하다.

07
사용 전날 반죽을 냉장고로 옮겨 약 16시간 동안 2~4℃로 해동시킨다.

08

분할을 안 했다면 120g으로 분할한 뒤 타원형으로 둥글리기하고 실온에서 반죽 온도가 18~23℃가 될 때까지 해동시킨다.

09

밀대를 이용해 긴 타원형으로 밀어 편다.

10

감자 올리브 필링을 한 줄로 약 50g 짠다.

11

필링을 감싸며 반죽의 이음매를 꼼꼼히 봉한 뒤 굴려 다시 한 번 모양을 다듬고 두께를 일정하게 만든다.

12

반죽의 한쪽 끝을 벌려 다른 한쪽 끝을 집어 넣고 이음매를 봉한다.

13

실온에서 40분 또는 10℃에서 3시간 동안 발효시킨다.

14

물에 설탕을 넣고 95℃로 끓인 다음 반죽을 넣고 앞뒤로 30초씩 데친다.

15

윗면에 파르메산 치즈 가루를 뿌린 뒤 철판을 한 장 더 덧대어 윗불 190℃, 아랫불 160℃ 데그오븐에서 18~20분, 또는 230℃ 컨벡셔오븐에 스팀 주입 후 170℃로 낮춰 14~15분 동안 굽는다

참치 마요

스펀지법 ┃ 23개 분량

[재료]

스펀지 반죽

강력분 ························ 300g
소금 ···························· 4g
세미드라이이스트(골드) ······ 7g
물 ···························· 105g
우유 ··························· 100g

본 반죽

강력분 ························ 200g
설탕 ··························· 90g
소금 ···························· 4g
분유 ··························· 12g
달걀 ·························· 100g
우유 ··························· 50g
무염버터 ······················90g
탕종 반죽(p.24 참조) ····· 100g
총 중량 ················· **1,162g**

참치 마요 필링

양파 ·························· 200g
할라피뇨 ······················ 75g
피클 ··························· 40g
참치통조림 ·················· 625g
레몬즙 ·························· 8g
후추···························· 적당량
마요네즈 ····················· 200g

마무리

빵가루 ························ 적당량
허브믹스 ······················ 적당량
파마산 치즈(분말) ········· 적당량
올리브오일 ················· 적당량
모싸렐라 치즈(슈레드) ···· 적당량

tip
참치 마요 반죽은 단과자 빵에 자유
롭게 응용이 가능하다.

[주요 공정]

스펀지 반죽

| 믹싱 (8단계) | 저속 5분 → 중속 5분, 반죽 온도 25~27℃ |

| 발효 (실온) | 50분 |

본 반죽

| 믹싱 (11단계) | 저속 3분 → 중속 2분 → 버터 투입 → 중속 2분 → 탕종 반죽 투입 → 중속 8분 → 고속 1분, 반죽 온도 23~25℃ |

| 분할 | 50g |

| 냉동 보관 | 30일까지 가능 |

| 해동 (냉장→실온) | **냉장 해동** 반죽 온도 2~3℃(약 8~12시간) ▶▶▶ ▶▶ **실온 해동** 반죽 온도 18~20℃(약 120분) |

| 성형 | 원형 |

| 2차 발효 (발효실) | •**시간** 60분 •**온도** 32℃ •**습도** 85% |

| 굽기 | •**데크오븐** 윗불 210℃, 아랫불 160℃에서 12분 •**컨벡션오븐** 165℃에서 12분 |

CHEF's NOTE

참치 마요 필링
1 양파, 할라피뇨, 피클을 잘게 다진다.
2 볼에 모든 재료를 넣고 골고루 섞는다.

01
믹서볼에 강력분, 소금, 이스트를 넣고 잘 섞은 다음 물과 우유를 넣고 저속 5분, 중속 5분 동안 반죽 온도를 25~27℃로 유지하면서 8단계까지 믹싱한다.

02
실온에서 20분 동안 발효시킨다.

tip 발효된 반죽은 1.5배 정도 부피가 커진다.

03
믹서볼에 스펀지 반죽과 함께 버터, 탕종 반죽을 제외한 모든 본 반죽 재료를 넣은 다음 저속 3분, 중속 2분 동안 믹싱한다.

04
반죽에 탄력이 생기는 3단계에서 버터를 넣고 중속으로 2분 동안 믹싱한다.

05
반죽이 매끄러워지는 7단계에서 탕종 반죽을 넣고 중속으로 8분 동안 반죽 온도를 23~25℃로 유지하면서 11단계까지 믹싱한다.

BAKING TIP

믹싱이 끝난 매끄러운 반죽 상태

06
50g씩 분할해 둥글리기 한다.

07
브레드박스에 큰 비닐봉지를 깔고 그 안에 분할한 반죽을 넣어 비닐로 밀착시킨 후 뚜껑을 덮지 않은 채 냉동고에 넣는다.

tip 30일 동안 냉동 보관이 가능하다.

08
사용 전날 반죽을 냉장고로 옮겨
약 8~12시간 동안 2~3℃로 해
동시킨다. 다시 실온에서 30분
동안 해동시키고 재둥글리기 한
다음 90분 후 18~20℃가 되면
성형한다.

09
가볍게 두드려 가스를 뺀 다음
참치 마요 필링 50g을 넣고 반
죽을 모아 이음매를 봉한다.

10
분무기로 물을 뿌리고 입자가 고
운 빵가루를 윗면에 묻힌다.

tip 빵가루에 허브믹스와 파마산 치
즈를 섞으면 더 맛있다.

11
온도 32℃, 습도 85% 발효실에
서 2배 크기가 될 때까지 60분
동안 발효시킨다.

12
반죽 표면에 붓으로 올리브오일
을 바르고 가위로 十자 모양을
낸 다음 그 안에 모찌렐리 치즈
를 뿌린다.

13
윗불 210℃, 아랫불 160℃ 데크
오븐에 12분, 또는 165℃ 컨벡션
오븐에 12분 동안 굽는다.

데리야키 베이컨 가쓰오부시

스트레이트법 I 20개 분량

[재료]

반죽

강력분(코끼리)	400g
박력분	100g
설탕	75g
소금	9g
분유	15g
세미드라이이스트(골드)	7g
물	210g
달걀	50g
노른자	50g
샌크림	15g
무염버터	75g
총 중량	**1,006g**

필링A

베이컨	200g
양파	175g
양배추	350g
후추	적당량
데리야키 소스	90g

필링B

달걀	적당량
소금	적당량
후추	적당량

마무리

마요네즈	적당량
가다랑어포(가쓰오부시)	적당량

[주요 공정]

믹싱 (11단계)	저속 2분 → 중속 3분 → 버터 투입 → 중속 2분 → 고속 3분 반죽 온도 23~25℃
1차 발효 (냉동)	• **시간** 180분 • **반죽 온도** 6~10℃ • **발효** 30~40%
분할	50g(지름 8.7㎝, 높이 3㎝ 머핀틀 기준)
냉동 보관	30일까지 가능
해동 (냉장→실온)	**냉장 해동** 반죽 온도 2~3℃(약 8~12시간) ▶▶ ▶▶ **실온 해동** 반죽 온도 18~20℃(약 120분)
성형	머핀틀에 팬닝
2차 발효 (발효실)	• **시간** 40분 • **온도** 30℃ • **습도** 85%
굽기	• **데크오븐** 윗불 210℃, 아랫불 150℃에서 12분 • **컨벡션오븐** 165℃에서 14분

CHEF's NOTE

필링A

1 프라이팬에 잘게 썬 베이컨을 볶다가 슬라이스한 양파, 양배추를 넣고 후추를 뿌린다.
2 양배추의 숨이 죽으면 데리야키 소스를 넣고 살짝 더 볶는다.

믹싱

01
볼에 강력분, 박력분, 설탕, 소금, 분유, 이스트를 넣고 골고루 섞은 다음 믹서볼에 옮긴다.

02
물, 달걀, 노른자, 생크림을 넣고 저속 2분, 중속 3분 동안 믹싱한 다음 3단계에서 버터를 넣는다.

03
중속 2분, 고속 3분 동안 반죽 온도를 23~25℃로 유지하면서 11단계까지 믹싱한다.

> **BAKING TIP**

믹싱이 끝난 매끄러운 반죽 상태

1차 발효

04
반죽에 랩을 밀착시켜 덮은 다음 반죽을 담은 볼에 다시 랩이나 비닐봉지를 씌워 냉동고에서 180분 동안 발효시킨다.

> **BAKING TIP**

냉동 발효가 끝난 반죽 온도는 6~10℃이며 30~40% 정도 발효가 진행된 상태이다.

분할·냉동

05
반죽의 온도를 고르게 만들기 위해 가장자리 반죽을 안쪽으로 접은 뒤 50g씩 분할해 둥글리기 한다. 브레드박스에 큰 비닐봉지를 깔고 그 안에 분할한 반죽을 넣어 비닐로 밀착시킨 후 뚜껑을 덮지 않은 채 바로 냉동고에 넣는다.

tip 30일 동안 냉동 보관이 가능하다.

해동

06
사용 전날 반죽을 냉장고로 옮겨 약 8~12시간 동안 2~3℃로 해동시킨다. 다시 실온에서 30분 동안 해동시키고 재둥글리기 한 다음 90분 후 18~20℃가 되면 성형 한다.

tip 재둥글리기는 반죽에 산소를 공급하고 탄력을 준다.

07

밀대를 이용해 반죽을 둥글게 밀
어 편다.

08

지름 8.7cm, 높이 3cm의 머핀틀
에 분무기로 물을 뿌리고 반죽을
틀 높이까지 팬닝한다.

09

틀에 필링A를 40g씩 채우고 필
링B를 넘치지 않도록 붓는다.

tip 필링B는 달걀을 풀어서 소금, 후
추로 간을 한다.

2차 발효

굽기

마무리

10

온도 30℃, 습도 85% 발효실에
서 반죽 가장자리가 살짝 발효될
때까지 40분 동안 발효시킨다.

11

윗불 210℃, 아랫불 150℃ 데
크오븐에 12분, 또는 165℃ 컨
벡션오븐에 14분 동안 굽는다.

12

틀에서 분리해 윗면에 마요네즈
를 가늘게 짜고 가다랑어포를 올
린다.

소프트 마늘 바게트

스트레이트법 ┃ 11~12개 분량

[재료]

반죽

강력분(코끼리)	900g
골드강력쌀가루(햇쌀마루)	100g
세미드라이이스트(레드)	13g
소금	18g
물	710g
총 중량	**1,741g**

갈릭 소스

무염버터	200g
마늘(간 것)	40g
우유	265g
생크림	40g
건조 파슬리	6g
파마산 치즈	40g
설탕	80g
크림치즈	40g

tip

보다 탄력 있는 반죽을 만들려면
물 분량의 10%를 비타민 물
(1ℓ의 물에 3g의 비타민C 3000을
희석한 것)로 대체한다.

[주요 공정]

믹싱 (11단계)	저속 7분 → 중속 22분 반죽 온도 23~25℃
1차 발효 (냉동)	• **시간** 180분　　• **반죽 온도** 6~10℃ • **발효** 30~40%
분할	150g
냉동 보관	30일까지 가능
해동 (냉장→실온)	**냉장 해동** 반죽 온도 2~3℃(약 8~12시간) ▶▶ ▶▶ **실온 해동** 반죽 온도 18~20℃(약 120분)
성형	막대형
2차 발효 (발효실)	• **시간** 50분　　• **온도** 30℃ • **습도** 85%
굽기	• **데크오븐** 윗불 230℃, 아랫불 200℃ 스팀 주입 후 10분 　+ 갈릭 소스 바르고 5분 • **컨벡션오븐** 200℃에서 10분 + 갈릭 소스 바르고 3분

CHEF's NOTE

갈릭 소스
볼에 모든 재료를 넣고 중탕으로 데우면서 섞는다.

BAKING TIP

01
볼에 물을 제외한 모든 반죽 재료를 넣고 골고루 섞은 다음 믹서볼에 옮긴다.

02
물을 넣고 저속 7분, 중속 22분 동안 반죽 온도를 23~25℃로 유지하면서 11단계까지 믹싱한다.

믹싱이 끝난 매끄러운 반죽 상태

03
반죽에 랩을 밀착시켜 덮은 다음 반죽을 담은 볼에 다시 랩이나 비닐봉지를 씌워 냉동고에서 180분 동안 발효시킨다.

BAKING TIP

냉동 발효가 끝난 반죽 온도는 6~10℃이며 30~40% 정도 발효가 진행된 상태이다.

04
반죽의 온도를 고르게 만들기 위해 가장자리 반죽을 안쪽으로 접은 뒤 150g씩 분할해 둥글리기 한다. 브레드박스에 큰 비닐봉지를 깔고 그 안에 반죽을 넣어 비닐로 밀착시킨 후 뚜껑을 덮지 않은 채 바로 냉동고에 넣는다.

tip 30일 동안 냉동 보관이 가능하다.

05
사용 전날 반죽을 냉장고로 옮겨 약 8~12시간 동안 2~3℃로 해동시킨다. 다시 실온에서 30분 동안 해동시키고 재둥글리기 한 다음 18~20℃가 되면 성형한다.

BAKING TIP

반죽을 손가락으로 눌렀을 때 단단하되 얼어있지 않고 탄력이 있는 상태인지 확인한다.

06
손바닥으로 가볍게 눌러 가스를 빼고 타원형으로 말아준다.

07
반죽 아래위를 한쪽씩 가운데로 모아 접은 다음 단단하고 둥글게 말아준다.

08
손바닥 끝으로 눌러 모양을 잡고 22㎝로 늘인다.

2차 발효 **굽기**

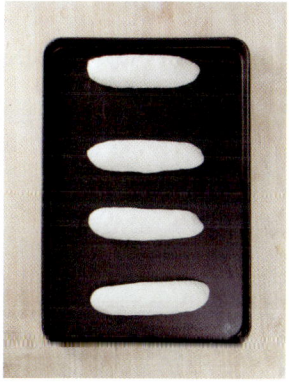  

09
온도 30℃, 습도 85% 발효실에서 2배 크기가 될 때까지 50분 동안 발효시킨다.

10
윗면에 칼집을 낸 다음 갈릭 소스 30g을 전체적으로 바른다. 윗불 230℃, 아랫불 200℃ 네크오븐에 넣고 스팀 주입 후 10분 동안 굽는다

11
갈릭 소스 30g을 한 번 더 바르고 5분 동안 굽는다.

tip 컨벡션오븐의 경우 200℃에서 10분 동안 구운 다음 갈릭 소스를 바르고 다시 3분 더 굽는다.

곡물 찹쌀 바게트

스트레이트법 ∣ 9개 분량

[재료]

반죽

강력분(코끼리)	600g
통밀가루(밥스레드밀)	100g
크라프트콘 믹스	200g
박력분	100g
설탕	30g
소금	10g
분유	30g
세미드라이이스트(레드)	18g
물	650g
달걀	50g
무염버터	50g
총 중량	**1,838g**

찹쌀소

찹쌀가루(습식)	920g
설탕	226g
소금	10g
물(50℃)	200g
완두콩배기	220g
팥배기	220g

토핑

크라프트콘 믹스 ……… 적당량

[주요 공정]

믹싱 (11단계)	저속 3분 → 중속 1분 → 버터 투입 → 중속 8분 → 고속 1분 반죽 온도 23~25℃
1차 발효 (냉동)	• **시간** 180분 • **반죽 온도** 6~10℃ • **발효** 30~40%
분할	200g
냉동 보관	30일까지 가능
해동 (냉장→실온)	**냉장 해동** 반죽 온도 2~3℃(약 16시간) ▶▶▶ ▶▶▶ **실온 해동** 반죽 온도 18~20℃(약 120분)
성형	막대형
2차 발효 (발효실)	• **시간** 60분 • **온도** 32℃ • **습도** 85%
굽기	• **데크오븐** 윗불 230℃, 아랫불 190℃ 스팀 주입 후 윗불 210℃, 아랫불 190℃로 낮춰 13분 • **컨벡션오븐** 220℃ 스팀 주입 후 190℃로 낮춰 6분

(CHEF's NOTE)

찹쌀소

1 믹서볼에 찹쌀가루와 설탕, 소금을 넣고 섞는다.
2 따뜻한 물(50℃)을 여러 번에 나누어 넣으며
저속으로 믹싱한다.
3 마무리 단계에서 완두콩배기와 팥배기를 넣는다.

4 200g씩 분할한 다음 25㎝의 둥근 막대 모양
으로 길게 성형한다.

tip 물 분량은 습식 찹쌀가루 기준이다. 건식 찹
쌀가루를 사용할 경우 물의 양을 조절한다.

01
볼에 물, 달걀, 버터를 제외한 모든 반죽 재료를 넣고 골고루 섞은 다음 믹서볼에 옮긴다.

02
물, 달걀을 넣고 저속 3분, 중속 1분 동안 믹싱한 다음 3단계에서 버터를 넣는다.

03
중속 8분, 고속 1분 동안 반죽 온도를 23~25℃로 유지하면서 11단계까지 믹싱한다.

BAKING TIP

믹싱이 끝난 매끄러운 반죽 상태

04
반죽에 랩을 밀착시켜 덮은 다음 반죽을 담은 볼에 다시 랩이나 비닐봉지를 씌워 냉동고에서 180분 동안 발효시킨다.

BAKING TIP

냉동 발효가 끝난 반죽 온도는 6~10℃이며 30~40% 정도 발효가 진행된 상태이다.

05
반죽의 온도를 고르게 만들기 위해 가장자리 반죽을 안쪽으로 접은 뒤 200g씩 분할해 둥글리기 한다. 브레드박스에 큰 비닐봉지를 깔고 그 안에 분할한 반죽을 넣어 비닐로 밀착시킨 후 뚜껑을 덮지 않은 채 바로 냉동고에 넣는다.

tip 30일 동안 냉동 보관이 가능하다.

06
사용 전날 반죽을 냉장고로 옮겨 약 16시간 동안 2~3℃로 해동시킨다. 다시 실온에서 30분 동안 해동시키고 재둥글리기 한 다음 90분 후 18~20℃가 되면 성형한다.

tip 재둥글리기는 반죽에 산소를 공급하고 탄력을 준다.

07
반죽을 타원형으로 만든다.

08
밀대를 이용해 반죽을 25cm로 길게 밀어 편다.

09
찹쌀소를 올리고 반죽을 둥글게 말아준다.

10
이음매를 꼼꼼히 봉한다.

2차 발효   굽기

11
손바닥 끝으로 반죽을 눌러 40cm로 길게 늘인다.

12
반죽 윗면에 분무기로 물을 뿌리고 크라프트콘 믹스를 묻힌다.

13
철판에 팬닝한 다음 2.5배 크기가 될 때까지 온도 32℃, 습도 85% 발효실에서 60분 동안 발효시킨다.

14
윗불 230℃, 아랫불 190℃ 데크 오븐에 스팀 주입 후 윗불만 210℃로 낮춰 13분, 또는 220℃ 컨벡션 오븐에 스팀 주입 후 190℃로 낮춰 6분 동안 굽는다.

Tip 찹쌀소가 덜 익을 수 있으므로 주의한다.

소금빵

스펀지법 ㅣ 22개 분량

[재료]

스펀지 반죽

강력분 ························· 600g
세미드라이이스트(레드) ···· 13g
물 ································ 390g

본 반죽

강력분 ························· 50g
중력분 ························· 280g
강력쌀가루 ···················· 70g
소금 ···························· 18g
설탕 ···························· 40g
탈지분유 ······················ 30g
우유 ··························· 270g
버터 ···························· 60g
총 중량 ················ **1,821g**

가염 버터

버터 ·························· 300g
고운 소금 ······················ 3g

마무리

소금 ························ 적당량

[주요 공정]

스펀지 반죽

믹싱(8단계)	저속 2분 → 중속 8분, 반죽 온도 25~27℃
발효(실온)	20분

본 반죽

믹싱 (10단계)	저속 3분 → 중속 2분 → 버터 투입 → 중속 2분 → 고속 2분 반죽 온도 23~25℃
냉동 보관	15일까지 가능
해동(냉장)	반죽 온도 2~3℃(약 16시간)
분할	80g
해동(실온)	반죽 온도 18~23℃
성형	소금빵 모양
2차 발효 (발효실)	• **시간** 70분 • **온도** 32℃ • **습도** 85%
굽기	• **데크오븐** 윗불 220℃, 아랫불 180℃에서 스팀 주입 후 16~18분 • **컨벡션오븐** 210℃ 스팀 주입 후 180℃로 낮춰 16~20분

CHEF's NOTE

가염 버터

1 부드러운 상태의 버터에 고운 소금을 넣고 골고루 섞는다.
2 지름 2cm 원형깍지를 낀 짤주머니에 넣어 5cm 길이 (약 12g)씩 짠 뒤 냉동고에서 굳힌다.

01
믹서볼에 강력분, 이스트를 넣고 잘 섞은 다음 물을 넣고 저속 2분, 중속 8분 동안 반죽 온도를 25~27℃로 유지하면서 8단계까지 믹싱한다.

02
실온에서 20분 동안 발효시킨다.

tip 발효된 반죽은 1.5배 정도 부피가 커진다.

03
믹서볼에 스펀지 반죽, 버터를 제외한 모든 본반죽 재료를 넣고 저속 3분, 중속 2분 동안 믹싱한다.

04
반죽에 탄력이 생기는 3단계에서 버터를 넣고 중속으로 2분, 고속으로 2분 동안 반죽 온도를 23~25℃로 유지하면서 믹싱한다.

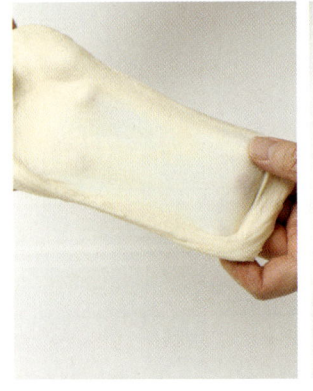

BAKING TIP

믹싱이 끝난 매끄러운 반죽 상태

05
브레드박스에 큰 비닐봉지를 깔고 그 안에 반으로 나눈 반죽을 넣은 뒤 비닐로 밀착시킨 다음 뚜껑을 덮지 않은 채 냉동고에 넣는다.

BAKING TIP

15일 동안 냉동 보관이 가능하며 바로 80g으로 분할한 뒤 둥글리기 해 비닐 사이에 넣고 냉동고에 넣어도 된다.

06
사용 전날 반죽을 냉장고로 옮겨 약 16시간 동안 2~3℃로 해동시킨다.

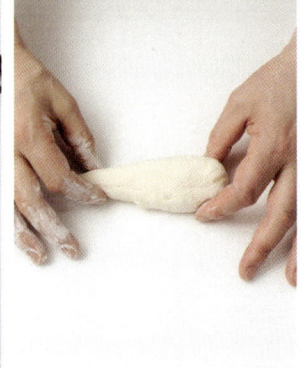

07
80g씩 분할해 둥글리기한 뒤 실온에서 반죽 온도가 18~23℃가 될 때까지 해동시킨다.

08
물방울 모양으로 만든 뒤 15분 동안 벤치타임을 갖는다

09
밀대를 사용해 물방울 모양 그대로 길게 밀어 편다.

10
넓은 쪽에 가염 버터를 올린 뒤 돌돌 만다.

11
소금빵틀에 놓고 온도 32℃, 습도 85% 발효실에서 70분 동안 발효시킨다.

12
윗면에 분무기로 물을 뿌리고 소금을 올린 다음 윗불 220℃, 아랫불 180℃ 데크오븐에서 스팀을 주입하고 16~18분, 또는 210℃ 건벡션오븐에서 스팀 주입 후 온도를 180℃로 낮춰 16~20분 동안 굽고 겉면에 바깥으로 흘러나온 버터를 바른다.

검정깨 베이글

스트레이트법 | 8개 분량

[재료]

반죽

강력분(코끼리)	250g
프랑스밀가루 T55	250g
세미드라이이스트(레드)	5g
소금	9g
설탕	30g
검정깨	45g
물	270g
몰트농축액	18g
물엿	20g
무염버터	25g
총 중량	**922g**

설탕물

물	1,000g
설탕	50g

[주요 공정]

믹싱 (9~10단계)	저속 7분 → 중속 8분 반죽 온도 23~25℃
1차 발효 (냉장)	30분
분할	110g
냉동 보관	30일까지 가능
해동 (냉장→실온)	**냉장 해동** 반죽 온도 2~3℃(약 8~12시간) ▶▶▶ ▶▶▶ **실온 해동** 반죽 온도 10℃
성형	고리형
2차 발효 (실온)	40~50분
데치기	95℃ 설탕물에 앞뒤로 20초씩 데친다.
굽기	• 데크오븐 윗불 220℃, 아랫불 190℃ 스팀 주입 후 윗불 220℃, 아랫불 150℃로 낮춰 13분 • 컨벡션오븐 230℃ 스팀 주입 후 190℃로 낮춰 13분

01

볼에 강력분, 프랑스밀가루, 이스트, 소금, 설탕, 검정깨를 넣고 골고루 섞은 다음 믹서볼에 옮긴다.

02

나머지 반죽 재료를 넣고 저속 7분, 중속 8분 동안 반죽 온도를 23~25℃로 유지하면서 9~10단계까지 믹싱한다.

tip 베이글은 반죽이 되기 때문에 고속 믹싱을 하지 않는다. 저배합 반죽은 11단계까지 믹싱하면 질겨질 수 있다.

BAKING TIP

믹싱이 끝난 매끄러운 반죽 상태

03

반죽에 랩을 밀착시켜 덮은 다음 반죽을 담은 볼에 다시 랩이나 비닐봉지를 씌워 냉장고에서 30분 동안 10% 정도 발효시킨다.

04

110g씩 분할해 둥글리기 한다.

05

브레드박스에 큰 비닐봉지를 깔고 그 안에 분할한 반죽을 넣어 비닐로 밀착시킨 후 뚜껑을 덮지 않은 채 바로 냉동고에 넣는다.

tip 30일 동안 냉동 보관이 가능하다.

06

사용 전날 반죽을 냉장고로 옮겨 약 8~12시간 동안 2~3℃로 해동시킨다. 실온에 옮겨 반죽 온도 10℃가 되면 재 둥글리기 과정 없이 성형한다.

07

밀대를 이용해 반죽을 길게 밀어 편 다음 세로 방향으로 말아준다.

08

반죽의 한쪽 끝을 벌려 다른 한쪽 끝을 집어넣고 물을 묻혀 이음매를 봉한다.

09

실온에서 40~50분 동안 40% 정노 발효시킨다.

tip 발효가 많이 진행될 경우 반죽의 밀도가 낮아서 식감이 가벼워지니 주의한다.

10

물에 실딩을 넣고 95℃로 끓인 다음 반죽을 넣고 앞뒤로 20초씩 데친다.

tip 반죽을 동시에 여러 개 넣을 경우 불 조절로 온도를 유지한다.

11

윗불 220℃, 아랫불 190℃ 데크 오븐에 스팀 주입 후 아랫불만 150℃로 낮춰 13분, 또는 230℃ 긴백선오븐에 스팀 주입 후 190℃로 낮춰 13분 동안 굽는다.

프레첼

스트레이트법 | 16개 분량

[재료]

반죽

강력분(코끼리)	900g
박력분	100g
설탕	20g
소금	22g
세미드라이이스트(레드)	17g
우유	450g
화이트사워종(p.18 참조)	200g
물	60g
카놀라유(또는 식용유)	50g
무염버터	100g
총 중량	**1,919g**

염기성 용액

가성소다	45g
물(60℃)	750g

토핑

펄솔트	적당량

[주요 공정]

믹싱 (9~10단계)	저속 15~18분 반죽 온도 23℃
분할	120g
냉동 보관	30일까지 가능
해동 (냉장→실온)	**냉장 해동** 반죽 온도 2~3℃(약 8~12시간) ▶▶ ▶▶ **실온 해동** 반죽 온도 10℃
성형	가는 막대형, 리본형
휴지 (냉장)	40분
굽기	염기성 용액에 담갔다가 소금을 뿌린 후 굽는다. • **데크오븐** 윗불 180℃, 아랫불 160℃에서 20분 • **컨벡션오븐** 160·170℃에서 18분

CHEF's NOTE

염기성 용액

1 스테인리스 볼에 가성소다를 넣고 60℃의 물을 붓는다.
2 잘 녹이고 완전히 식으면 사용한다.

01

볼에 강력분, 박력분, 설탕, 소금, 이스트를 넣고 골고루 섞은 다음 믹서볼에 옮겨 나머지 반죽 재료를 넣는다.

02

저속으로 15~18분 동안 반죽 온도를 23℃로 유지하며 9~10단계까지 믹싱한다.

tip 저배합 반죽은 11단계까지 믹싱하면 질겨질 수 있다. 프레첼은 반죽이 되기 때문에 고속 믹싱을 하지 않는다.

BAKING TIP

믹싱이 끝난 매끄러운 반죽 상태

03

실온에서 5분 동안 반죽을 휴지시킨 다음 120g으로 분할해 둥글리기 한다.

04

브레드박스에 큰 비닐봉지를 깔고 그 안에 분할한 반죽을 넣어 비닐로 밀착시킨 다음 뚜껑을 덮지 않은 채 바로 냉동고에 넣는다.

tip 30일 동안 냉동 보관이 가능하다.

05

사용 전날 반죽을 냉장고로 옮겨 약 8~12시간 동안 2~3℃로 해동시킨다. 실온에 옮겨 반죽온도 10℃가 되면 재둥글리기 과정 없이 성형한다.

06

반죽을 가로로 놓고 아래위를 한쪽씩 안으로 접어 모은 다음 손바닥 끝으로 누른다.

07

한 번 더 겹쳐 접고 이음매를 집어 봉한다.

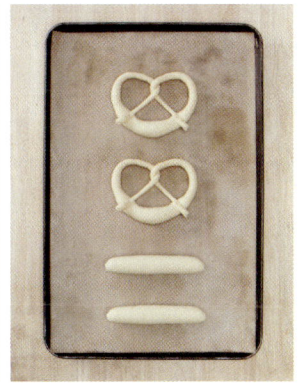

08A 일자 프레첼

바닥에 둥글려 길게 늘인다.

08B 정통 프레첼

80㎝ 길이의 가운데가 도톰한 모양으로 늘이고 반죽 중간을 2번 꼰은 다음 양끝을 반죽 몸통에 올린다.

09

표면이 마르도록 비닐봉지를 덮지 않은 채 냉장고에 넣고 40분 이상 휴지시킨다.

굽기

10

냉장고에서 꺼낸 단단한 반죽을 염기성 용액에 앞뒤로 5초씩 담갔다가 꺼낸나.

tip 염기성 용액을 다룰 때 통풍이 잘 되는 곳에서 고무장갑과 마스크를 착용한 채 작업하며 프레첼용 스테인리스 볼은 별도로 사용한다.

11

반죽이 단단할 때 칼집을 깊게 넣는다.

tip 칼집이 얕을 경우 반죽 옆면이 터질 수 있다.

12

펄솔트를 뿌린 다음 윗불 180℃, 아랫불 160℃ 데크오븐에 20분, 또는 160~170℃ 컨벡션오븐에 20분 동안 굽는다.

tip 펄솔트는 입자가 크고 두꺼워 오븐에 구워도 타지 않는다. 히말라야 소금도 사용 가능하다.
프레첼을 컨벡션오븐에 구우면 반죽에 윤기가 더 살아나고 터짐이 좋다.

허니레이즌 브레드

스트레이트법 ㅣ 15~16개 분량

[재료]

반죽

강력분(코끼리)	500g
소금	10g
설탕	20g
세미드라이이스트(골드)	7g
꿀	75g
우유	90g
날살	100g
몰트농축액	2g
물	185g
무염버터	25g
커런츠	112g
건포도	120g
총 중량	**1,246g**

마무리

달걀물	적당량
설탕	적당량

[주요 공정]

믹싱 (11단계)
저속 4분 → 버터 투입 → 저속 2분 → 중속 15분 → 고속 2분 → 커런츠, 건포도 투입, 반죽 온도 23~25℃

1차 발효 (냉장→냉동)
• **시간** 냉장 50분 → 냉동 120분
• **반죽 온도** 6~10℃ • **발효** 30~40%

분할
80g

냉동 보관
30일까지 가능

해동 (냉장→실온)
냉장 해동 반죽 온도 2~3℃(약 8~12시간) ▶▶
▶▶ **실온 해동** 반죽 온도 18~20℃(약 120분)

성형
원형

2차 발효 (발효실)
• **시간** 70분 • **온도** 30℃
• **습도** 85%

굽기
• **데크오븐** 윗불 210℃, 아랫불 160℃에서 12분
• **컨벡션오븐** 170℃에서 6~10분

01
볼에 강력분, 소금, 설탕, 이스트를 넣고 골고루 섞은 다음 믹서볼에 옮긴다.

02
꿀, 우유, 달걀, 몰트농축액, 물을 넣고 저속으로 4분 동안 믹싱한 다음 2단계에서 버터를 넣는다.

03
저속 2분, 중속 15분, 고속 2분 동안 반죽 온도를 23~25℃로 유지하면서 11단계까지 믹싱한다.

[BAKING TIP]
믹싱이 끝난 매끄러운 반죽 상태

04
커런츠, 건포도를 넣고 터지지 않도록 주의하면서 저속으로 믹싱하거나 손으로 가볍게 섞는다.

tip 커런츠가 없을 경우 건포도로 대체할 수 있다.

05
반죽에 랩을 밀착시켜 덮은 다음 반죽을 담은 볼에 다시 랩이나 비닐봉지를 씌운다. 냉장고에서 50분 동안 발효시킨 다음 냉동고로 옮겨 120분 동안 발효시킨다.

tip 이스트의 양에 따라 1차 발효 방법이 달라진다. 자세한 내용은 p.28을 참고한다.

분할·냉동

해동·성형

BAKING TIP

냉동 발효가 끝난 반죽 온도는 6~10℃
이며 30~40% 정도 발효가 진행된 상
태이다.

06

80g씩 분할해 둥글리기 한다. 브레드
박스에 큰 비닐봉지를 깔고 그 안에 분
할한 반죽을 넣어 비닐로 밀착시킨 후
뚜껑을 덮지 않은 채 바로 냉동고에 넣
는다.

tip 30일 동안 냉동 보관이 가능하다.

07

사용 전날 반죽을 냉장고로 옮겨 약
8~12시간 동안 2~3℃로 해동시킨다.
다시 실온에서 30분 동안 해동시키고
재둥글리기 한다.

tip 재둥글리기는 반죽에 산소를 공급하고
탄력을 준다.

2차 발효·굽기

08

90분 후 18~20℃가 되면 철판에 팬닝
한다.

09

온도 30℃, 습도 85%의 발효실에서
2배 크기가 될 때까지 70분 동안 발효
시킨 다음 달걀물을 바른다.

10

반죽 윗면에 가위로 十자 모양을 내고
설탕을 뿌린다. 윗불 210℃, 아랫불
160℃ 데크오븐에 12분, 또는 170℃
컨벡션오븐에 6~10분 동안 굽는다.

레이즌 구겔호프

스트레이트법 I 7개 분량

[재료]

반죽

강력분(코끼리)	1,000g
세미드라이이스트(골드)	20g
소금	15g
설탕	230g
분유	50g
달걀	100g
노른자	100g
레몬제스트	6g
우유	470g
무염버터	450g
오렌지필	100g
• 전처리한 골든레이즌	220g

골든레이즌	200g
트리플 섹	20g

• 전처리한 커런츠	220g

커런츠	200g
럼	20g

총 중량 ··· **2,981g**

마무리

통아몬드	적당량
• 오렌지 리큐르 시럽	220g

설탕	100g
물	100g
오렌지 리큐르	20g

• 화이트 글레이즈	120g

우유	20g
분당	100g

데코스노우파우더	적당량

[주요 공정]

믹싱 **(11단계)**	저속 2분 → 중속 10분 → 버터 투입 → 중속 6분 → 골든레이즌, 커런츠, 오렌지필 투입 반죽 온도 23~25℃

1차 발효 **(냉동)**	• **시간** 180분 • **반죽 온도** 6~10℃ • **발효** 30~40%

분할	400g

냉동 보관	30일까지 가능

해동 **(냉장→실온)**	**냉장 해동** 반죽 온도 2~3℃(약 16시간) ▶▶ ▶▶ **실온 해동** 반죽 온도 18~20℃(약 120분)

성형	고리형, 구겔호프틀에 팬닝

2차 발효 **(발효실)**	• **시간** 90분 • **온도** 30℃ • **습도** 80%

굽기	• **데크오븐** 윗불 170℃, 아랫불 180℃에서 30분 • **컨벡션오븐** 160℃에서 25분

CHEF's NOTE

전처리

• 골든레이즌 전처리 - 미지근한 물에 5분 동안 불린 골든레이즌에 트리플 섹(골든레이즌 무게의 10%)을 붓고 하루 동안 숙성시킨다.

• 커런츠 전처리 - 미지근한 물에 5분 동안 불린 커런츠에 럼(커런츠 무게의 10%)을 붓고 하루 동안 숙성시킨다.

마무리

• 오렌지 리큐르 시럽 - 냄비에 설탕과 물을 넣고 끓인 다음 식으면 리큐르를 넣고 섞는다.

• 화이트 글레이즈 - 우유와 분당을 충분히 섞는다.

01

볼에 강력분, 이스트, 소금, 설탕, 분유를 넣고 골고루 섞은 다음 믹서볼에 옮긴다.

02

달걀, 노른자, 레몬제스트, 우유를 넣고 저속 2분, 중속 10분 동안 믹싱한 다음 8단계에서 버터를 2번에 나누어 넣는다.

tip 버터의 양이 많기 때문에 글루텐이 충분히 형성된 다음 버터를 넣는다.

03

중속으로 6분 동안 반죽 온도를 23~25℃로 유지하면서 11단계까지 믹싱한다. 오렌지필, 골든레이즌, 커런츠를 넣고 저속으로 섞는다.

BAKING TIP

믹싱이 끝난 매끄러운 반죽 상태

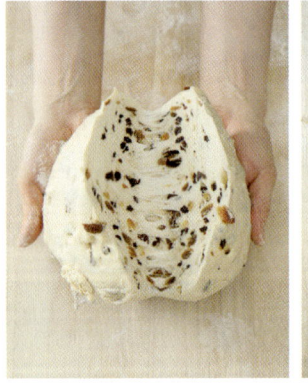

04

반죽에 랩을 밀착시켜 덮은 다음 반죽을 담은 볼에 다시 랩이나 비닐봉지를 씌워 냉동고에서 180분 동안 발효시킨다.

BAKING TIP

냉동 발효가 끝난 반죽 온도는 6~10℃이며 30~40% 정도 발효가 진행된 상태이다.

05

반죽의 온도를 고르게 만들기 위해 가장자리 반죽을 안쪽으로 접은 뒤 400g씩 분할해 둥글리기 한다. 브레드박스에 큰 비닐봉지를 깔고 그 안에 분할한 반죽을 넣어 비닐로 밀착시킨 다음 뚜껑을 덮지 않은 채 바로 냉동고에 넣는다.

tip 30일 동안 냉동 보관이 가능하다.

06

사용 전날 반죽을 냉장고로 옮겨 약 16시간 동안 2~3℃로 해동시킨다. 다시 실온에서 30분 동안 해동시키고 재둥글리기 한다.

tip 재둥글리기는 반죽에 산소를 공급하고 탄력을 준다.

성형　　　　　2차 발효

07
90분 후 반죽이 18~20℃ 가 되면 성형한다.

08
반죽 가운데 부분에 구멍을 만든다.

09
구겔호프틀 바닥의 홈이 파인 곳마다 통아몬드를 채워 넣고 반죽의 매끄러운 면이 아래를 향하도록 틀에 끼워 넣는다.

10
온도 30℃, 습도 80% 발효실에서 90분 동안 발효시킨다.

tip 발효실 온도가 너무 높으면 유지가 녹아 나올 수 있으니 주의한다.

굽기·마무리

11
윗불 170℃, 아랫불 180℃ 데크오븐에 30분, 또는 160℃ 컨벡션오븐에 25분 동안 굽는다.

12
틀에서 꺼낸 다음 바로 반죽 표면에 붓으로 오렌지 리큐르 시럽을 골고루 바른다.

13
짤주머니를 이용해 화이트 글레이즈를 윗면에 짜 옆면까지 흘러내리도록 장식한다.

14
고운체를 이용해 데코스노우파우더를 뿌린다.

EUROPEAN
BREADS

캉파뉴, 바게트 같은 하드 계열의 빵과 더불어
우리 입맛에 잘 맞는 치아바타, 푸가스, 포카치아 등의 유럽 빵을 소개한다.
대부분 저배합 반죽으로 만들기 때문에 믹싱은 11단계 전에 완료해야 하며
유지가 많이 들어간 반죽에 비해 냉동 보관기관도 비교적 짧다.
최대한 유럽 본토의 맛을 살리기 위해
회분 함량이 높은 해외의 고품질 밀가루를 사용하였으며
한편으로는 한국인의 입맛을 충족시키기 위해 부재료를 활용해
퓨전 빵으로 응용하기도 했다.

3

[EUROPEAN BREADS]

유러피언
브레드

F R O Z E N   D O U G H

T55 프랑스밀 바게트

풀리시법 | 7개 분량

[재료]

풀리시 반죽

프랑스밀가루 T55	500g
세미드라이이스트(레드)	2g
물	500g

본 반죽

프랑스밀가루 T55	500g
물	230g
몰트농축액	8g
세미드라이이스트(레드)	3g
소금	18g
총 중량	**1,761g**

CHEF's NOTE

T55 프랑스밀 바게트는 T65 프랑스밀 바게트에 비해 밀가루 자체의 구수하고 묵직한 맛은 덜하지만 특유의 담백한 맛을 자랑한다. 또한 풀리시 제법을 사용해 보다 깊은 발효 향을 느낄 수 있다.

[주요 공정]

풀리시 반죽

믹싱	볼에 모든 재료를 넣고 주걱으로 섞은 다음 30분 후 다시 한 번 섞는다.
발효	실온 6시간 발효, 또는 실온 90분 → 냉장 18시간 발효

본 반죽

믹싱 **(9~10단계)**	저속 3분 → 중속 2분 → 소금 투입 → 중속 8분 반죽 온도 23~25℃
1차 발효 **(냉장)**	• **시간** 180분 • **반죽 온도** 6~10℃ • **발효** 30~40%
분할	250g
냉동 보관	20일까지 가능
해동 **(냉장→실온)**	**냉장 해동** 반죽 온도 2~3℃(약 16시간) ▶▶ ▶▶ **실온 해동** 반죽 온도 18~20℃(약 120분)
성형	막대형
2차 발효 **(실온)**	30~40분
굽기	**데크오븐** 윗불 250℃, 아랫불 250℃ 스팀 주입 후 윗불 250℃, 아랫불 210℃로 낮춰 20~22분

01

볼에 프랑스밀가루와 이스트를 넣고 섞은 다음 물을 부어 주걱이나 거품기로 덩어리가 없어질 때까지 섞는다.

02

실온에서 30분 동안 수화시키고 다시 한 번 잘 섞는다.

03

실온에서 6시간 동안 발효시킨다. 또는 실온에서 90분 발효시키고 다시 냉장고에서 18시간 동안 발효시킨다.

04

믹서볼에 풀리시 반죽과 함께 소금을 제외한 모든 재료를 넣고 저속 3분, 중속 2분 동안 믹싱한다.

05

글루텐이 생성되는 2단계에서 소금을 넣고 중속으로 8분 동안 반죽 온도를 23~25℃로 유지하면서 9~10단계까지 믹싱한다.

tip 저배합 반죽은 11단계까지 믹싱하면 질겨질 수 있다.

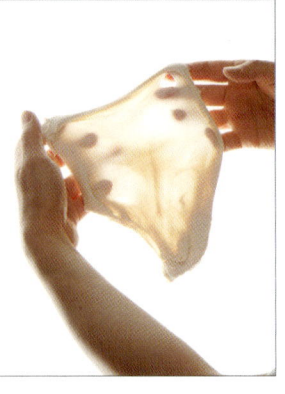

BAKING TIP

믹싱이 끝난 매끄러운 반죽 상태

06

반죽을 담은 볼에 랩이나 비닐봉지를 씌워 냉장고에서 180분 동안 발효시킨다.

tip 진 반죽은 랩을 밀착시키면 달라붙을 수 있어 볼째로 랩을 씌운다.

BAKING TIP

냉장 발효가 끝난 반죽 온도는 6~10℃이며 30~40% 정도 발효가 진행된 상태이다.

07

250g씩 분할해 둥글리기 한다. 브레드박스에 큰 비닐봉지를 깔고 그 안에 분할한 반죽을 넣어 비닐로 밀착시킨 다음 뚜껑을 덮지 않은 채 바로 냉동고에 넣는다.

 20일 동안 냉동 보관이 가능하다.

08

사용 전날 반죽을 냉장고로 옮겨 약 16시간 동안 2~3℃로 해동시킨다. 다시 실온에서 30분 동안 해동시키고 재둥글리기 한 다음 90분 후 18~20℃가 되면 타원형으로 가볍게 말아준다.

tip 반죽의 힘이 약할 경우, 성형 전 반죽 온도가 15℃일 때 다시 한 번 가볍게 재둥글리기 한다.

09

반죽 한쪽을 가운데로 밀어 접는다.

10

다른 한쪽도 가운데로 밀어 접는다.

11

손바닥 끝으로 반죽을 골고루 눌러주고 바닥에 둥글려 바게트 모양으로 길게 늘인다.

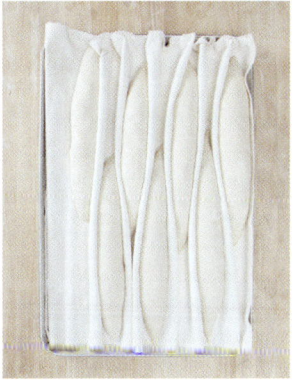

12

광목에 덧가루를 뿌리고 천을 접어가며 반죽을 올린 다음 실온에서 30~40분 동안 발효시킨다.

tip 건조한 겨울철에는 천이 수분을 빨아들여 빵 겉면이 마르고 뻣뻣해지므로 이음매 부분은 아래로 놓는다

13

팔레트로 반죽을 실리콘페이퍼 위로 옮기로 고운체를 이용해 반죽에 덧가루를 뿌린다.

14

세로로 가볍게 칼집을 넣은 다음 윗불 250℃, 아랫불 250℃ 데크 오븐에 넣고 스팀 주입 후 아랫불만 210℃로 낮춰 20~22분 동안 굽는다.

tip 컨벡션오븐의 사용은 추천하지 않지만 바닥에 베이킹스톤이나 동판이 깔려있는 경우 250℃에서 스팀 주입 후 200℃로 낮춰 20~25분 동안 굽는다.

T65 프랑스밀 바게트

스트레이트법 ｜ 6개 분량

[재료]

오토리즈 반죽

프랑스밀가루 T65	1,000g
물A	750g

본 반죽

물B(30℃)	20g
세미드라이이스트(레드)	5g
몰트농축액	7g
소금	18g
총 중량	**1,800g**

[주요 공정]

믹싱 (9~10단계)
- 오토리즈 반죽 저속 3분
- 본 반죽 저속 2분 → 중속 1분 → 소금 투입 → 저속 2분 → 중속 2분, 반죽 온도 23~25℃

1차 발효 (냉장)
- 시간 180분
- 발효 30~40%
- 반죽 온도 6~10℃

분할
300g

냉동 보관
20일까지 가능

해동 (냉장→실온)
냉장 해동 반죽 온도 2~3℃(약 16시간) ▶ ▶ ▶ 실온 해동 반죽 온도 18~20℃(약 120분)

성형
막대형

2차 발효 (실온)
30~40분

굽기
데크오븐 윗불 250℃, 아랫불 250℃ 스팀 주입 후 윗불 250℃, 아랫불 210℃로 낮춰 20~22분

01
믹서볼에 프랑스밀가루와 물A를 넣고 저속으로 3분 동안 믹싱한다. 반죽을 20~30분 동안 수화시켜 20~23℃로 만든다.

tip 여름에는 냉장, 겨울에는 실온에서 수화시켜 반죽 온도를 맞춘다.

02
오토리즈 반죽에 물B(30℃)에 푼 이스트, 몰트농축액을 넣고 저속 2분, 중속 1분 동안 믹싱한다.

03
이스트가 충분히 섞이면 소금을 넣는다.

04
저속 2분, 중속 2분 동안 반죽 온도를 23~25℃로 유지하면서 9~10단계까지 믹싱한다.

tip 저배합 반죽은 11단계까지 믹싱하면 질겨질 수 있다.

BAKING TIP

믹싱이 끝난 매끄러운 반죽 상태

05
반죽에 랩을 밀착시켜 덮고 반죽을 담은 볼에 다시 랩이나 비닐봉지를 씌워 냉장고에서 180분 동안 발효시킨다.

BAKING TIP

냉장 발효가 끝난 반죽 온도는 6~10℃이며 30~40% 정도 발효가 진행된 상태이다.

06
300g씩 분할해 둥글리기 한다. 브레드박스에 큰 비닐봉지를 깔고 그 안에 분할한 반죽을 넣어 비닐로 밀착시킨 다음 뚜껑을 덮지 않은 채 바로 냉동고에 넣는다.

tip 20일 동안 냉동 보관이 가능하다.

07

사용 전날 반죽을 냉장고로 옮겨 약 16시간 동안 2~3℃로 해동시킨다. 다시 실온에서 30분 동안 해동시키고 재둥글리기 한 다음 90분 후 18~20℃가 되면 타원형으로 가볍게 말아준다.

tip 반죽의 힘이 약할 경우, 성형 전 반죽 온도가 15℃일 때 다시 한 번 가볍게 재둥글리기 한다.

08

반죽을 한쪽씩 가운데로 밀어 접은 다음 둥글게 말아준다.

09

손바닥 끝으로 골고루 누르고 바닥에 둥글려 바게트 모양으로 길게 늘인다.

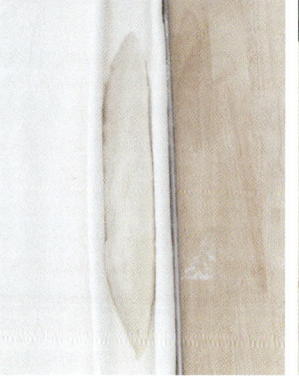  

10

광목에 덧가루를 뿌리고 천을 접어가며 반죽을 올린 다음 실온에서 30~40분 동안 발효시킨다.

tip 건조한 겨울철에는 천이 수분을 빨아들여 빵 겉면이 마르고 뻣뻣해지므로 이음매 부분을 아래로 놓는다.

11

팔레트로 반죽을 실리콘페이퍼 위로 옮기고 고운체를 이용해 반죽에 덧가루를 뿌린다.

12

세로로 가볍게 칼집을 넣은 다음 윗불 250℃, 아랫불 250℃ 데크오븐에 넣고 스팀 주입 후 아랫불만 210℃로 낮춰 20~22분 동안 굽는다.

tip 컨벡션오븐의 사용은 추천하지 않지만 바닥에 베이킹스톤이나 동판이 깔려있는 경우 250℃에서 스팀 주입 후 200℃로 낮춰 20~25분 동안 굽는다.

오트밀 캉파뉴

스트레이트법 ┃ 7개 분량

[재료]

오토리즈 반죽

밀가루(선픽스206) ········ 700g
프랑스밀가루 T55 ········· 300g
물A ······················· 730g

본 반죽

물B(30℃) ················· 15g
세미드라이이스트(레드) ····· 5g
소금 ······················ 18g
무염버터 ·················· 30g
설탕 ······················ 10g

오트밀 탕종 반죽

압착 오트밀(월드그린) ······ 100g
물 ························· 300g
총 중량 ················ **2,208g**

마무리

달걀물 ···················· 적당량
압착 오트밀 ··············· 적당량

[주요 공정]

믹싱 (9~10단계)	• **오토리즈 반죽** 저속 3분 • **본 반죽** 저속 2분 → 중속 1분 → 소금, 버터 투입 → 중속 2분 → 오트밀 탕종 반죽 투입 → 중속 5분, 반죽 온도 23~25℃
1차 발효 (냉장)	• **시간** 180분　　　• **반죽 온도** 6~10℃ • **발효** 30~40%
분할	300g
냉동 보관	20일까지 가능
해동 (냉장→실온)	**냉장 해동** 반죽 온도 2~3℃(약 16시간) ▶▶ ▶▶ **실온 해동** 반죽 온도 18~20℃(약 120분)
성형	타원형
2차 발효 (실온)	80분
굽기	데크오븐 윗불 250℃, 아랫불 240℃ 스팀 주입 후 윗불 240℃, 아랫불 210℃로 낮춰 30분

(CHEF's NOTE)

오트밀 탕종 반죽

1 압착 오트밀을 프라이팬이나 오븐을 이용해 갈색이 될 때까지 굽는다.

2 구운 오트밀과 물을 냄비에 넣고 80~85℃에서 주걱으로 섞으면서 약 350g으로 졸아들 때까지 충분히 가열한다.

tip 완성된 탕종 반죽은 끈기가 있고 입자가 살아있다.

3 하루 동안 숙성시킨 다음 사용한다.

01

믹서볼에 모든 밀가루와 물A를 넣고 저속으로 3분 동안 믹싱한 다. 반죽을 20~30분 동안 수화시켜 20~23℃로 만든다.

tip 여름에는 냉장, 겨울에는 실온에서 수화시켜 반죽 온도를 맞춘다.

02

오토리즈 반죽에 물B(30℃)에 푼 이스트와 설탕을 넣고 저속 2분, 중속 1분 동안 믹싱한 다음 소금, 버터를 넣는다.

03

중속으로 2분 동안 믹싱한 다음 7단계에서 오트밀 탕종 반죽을 넣는다.

04

중속으로 5분 동안 반죽 온도를 23~25℃로 유지하면서 9~10단계까지 믹싱한다.

tip 저배합 반죽은 11단계까지 믹싱하면 질겨질 수 있다.

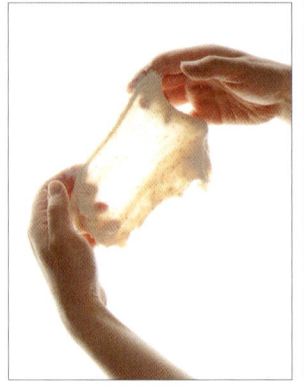

BAKING TIP

믹싱이 끝난 매끄러운 반죽 상태

05

반죽에 랩을 밀착시켜 덮고 반죽을 담은 볼에 다시 랩이나 비닐봉지를 씌워 냉장고에서 180분 동안 발효시킨다.

BAKING TIP

냉장 발효가 끝난 반죽 온도는 6~10℃이며 30~40% 정도 발효가 진행된 상태이다.

06

300g씩 분할해 둥글리기 한다.

07

브레드박스에 큰 비닐봉지를 깔고 그 안에 반죽을 넣어 비닐로 밀착시킨 다음 뚜껑을 덮지 않은 채 바로 냉동고에 넣는다.

tip 20일 동안 냉동 보관이 가능하다.

08

사용 전날 반죽을 냉장고로 옮겨 약 16시간 동안 2~3℃로 해동시킨다. 다시 실온에서 30분 동안 해동시키고 재둥글리기 한 다음 90분 후 18~20℃가 되면 성형한다.

BAKING TIP

반죽을 손가락으로 눌렀을 때 단단하되 얼어있지 않고 탄력이 있는 상태인지 확인한다.

09

재둥글리기 한 다음 반죽의 아래쪽 끝을 잡고 위로 둥글게 말아준다.

10

반죽에 달걀물을 바르고 오트밀을 묻힌 다음 광목에 올린다.

tip 달걀물 대신 흰자만 바를 수도 있다.

11

실온에서 2배 크기가 될 때까지 80분 동안 발효시킨다.

12

반죽 가운데에 비스듬히 칼집을 넣는다(생략 가능).

13

윗불 250℃, 아랫불 240℃ 데크오븐에 넣고 스팀 주입 후 윗불 240℃, 아랫불 210℃로 낮춰 30분 동안 굽는다.

tip 컨벡션오븐의 사용은 추천하지 않지만 바닥에 베이킹스톤이나 독판이 깔려있는 경우 250℃에서 스팀 주입 후 200℃로 낮춰 20~25분 동안 굽는다.

호밀 세사미 캉파뉴

스트레이트법 ㅣ 7개 분량

[재료]

반죽

프랑스밀가루 T55	800g
독일호밀가루 T997	100g
호밀가루(밥스레드밀)	100g
세미드라이이스트(레드)	9g
설탕	50g
소금	20g
검정깨	30g
물	680g
무염버터	30g
묵은 반죽	400g
총 중량	**2,219g**

[주요 공정]

믹싱 (9~10단계)	저속 4분 → 중속 6분 반죽 온도 23~25℃
1차 발효 (냉동)	• **시간** 180분 • **반죽 온도** 6~10℃ • **발효** 30~40%
분할	300g
냉동 보관	20일까지 가능
해동 (냉장→실온)	**냉장 해동** 반죽 온도 2~3℃(약 16시간) ▶▶ ▶▶ **실온 해동** 반죽 온도 18~20℃(약 120분)
성형	타원형
2차 발효 (실온)	50~60분
굽기	데크오븐 윗불 240℃, 아랫불 230℃ 스팀 주입 후 윗불 240℃, 아랫불 210℃로 낮춰 23분

01

볼에 물, 버터, 묵은 반죽을 제외한 모든 재료를 넣고 골고루 섞은 다음 믹서볼에 옮긴다.

02

나머지 재료를 모두 넣고 저속 4분, 중속 6분 동안 반죽 온도를 23~25℃로 유지하면서 9~10단계까지 믹싱한다.

tip 호밀가루가 들어간 반죽은 밀가루 반죽에 비해 마찰계수가 적어 믹싱시간이 짧다. 또한 저배합 반죽은 11단계까지 믹싱하면 질겨질 수 있다.

BAKING TIP

믹싱이 끝난 매끄러운 반죽 상태

03

반죽에 랩을 밀착시켜 덮은 다음 반죽을 담은 볼에 다시 랩이나 비닐봉지를 씌워 냉동고에서 180분 동안 발효시킨다.

BAKING TIP

냉동 발효가 끝난 반죽 온도는 6~10℃이며 30~40% 정도 발효가 진행된 상태이다.

04

반죽의 온도를 고르게 만들기 위해 가장자리 반죽을 안쪽으로 접은 뒤 300g씩 분할해 둥글리기 한다. 브레드박스에 큰 비닐봉지를 깔고 그 안에 반죽을 넣어 비닐로 밀착시킨 다음 뚜껑을 덮지 않은 채 바로 냉동고에 넣는다.

tip 20일 동안 냉동 보관이 가능하다.

05

사용 전날 반죽을 냉장고로 옮겨 약 16시간 동안 2~3℃로 해동시킨다. 다시 실온에서 30분 동안 해동시키고 재 둥글리기 한 다음 90분 후 18~20℃기 되면 성형한다.

BAKING TIP

반죽을 손가락으로 눌렀을 때 단단하되 얼어있지 않고 탄력이 있는 상태인지 확인한다.

06

반죽의 아래쪽 끝을 잡고 위쪽으로 단단하게 말아준다.

굽기

07

이음매 부분을 바닥에 대고 잘 다듬는다

08

쌀복에 넛가루들 뿌리고 친을 집어가며 반죽을 올린 다음 실온에서 50~60분 동압 발휴시키다

09

실리콘페이퍼에 옮겨 세로로 비스듬히 칼집을 넣는다. 윗불 240℃, 아랫불 230℃ 네크오븐에 넣고 스팀 주입 후 아랫불만 210℃로 낮춰 23분 동안 굽는다.

tip 컨벡션오븐의 사용은 추천하지 않지만 바닥에 베이킹스톤이나 동판이 깔려있는 경우 250℃에서 스팀 주입 후 200℃로 낮춰 20~25분 동안 굽는다.

유기농 통밀 쌀 저당 캉파뉴

비가 반죽법 ㅣ 5개 분량

[재료]

비가 반죽

물(25℃) ······················· 300g
세미드라이이스트(레드) ······2g
우리밀 통밀가루 ·········· 500g

본 반죽

강력쌀가루 ····················· 300g
유기농 통밀가루 ·········· 200g
세미드라이이스트(레드) ······5g
유기농 황설탕 ················50g
르방 리키드 ················· 300g
물 ·······························350g
통밀 탕종 반죽(p.25 참조) ·· 200g
게랑드 소금 ·····················20g
총 중량 ··················· **2,277g**

[주요 공정]

비가 반죽

믹싱	용기에 물에 푼 이스트와 통밀가루를 넣고 스크레이퍼로 골고루 섞는다.

발효 (12℃)	24시간

본 반죽

믹싱 (11단계)	저속 2분 → 중속 1분 → 소금 투입 → 중속 2분 반죽 온도 23℃

분할	450g

냉동 보관	25일까지 가능

해동 (냉장→실온)	**냉장 해동** 반죽 온도 2~4℃(약 10시간) ▶ ▶ ▶ ▶ 재둥글리기 후 실온 해동 반죽 온도 20~22℃

성형	타원형

발효 (실온)	50~60분

굽기	• **데크오븐** 윗불 220℃, 아랫불 200℃ 스팀 주입 후 26분 • **컨벡션오븐** 250℃ 스팀 주입 후 190℃로 낮춰 25분

01
볼에 물과 세미드라이이스트를 넣고 푼다.

02
넓적한 용기에 우리밀 통밀가루, 물에 푼 이스트를 넣고 스크레이퍼 등을 사용해 골고루 섞는다.

03
깊은 용기에 옮겨 담고 비닐로 덮은 뒤 10℃ 냉장고에서 24~48시간 동안 숙성시킨다.

04
믹서볼에 비가, 소금을 제외한 모든 본반죽 재료를 넣고 저속 2분, 중속 1분 동안 믹싱한다.

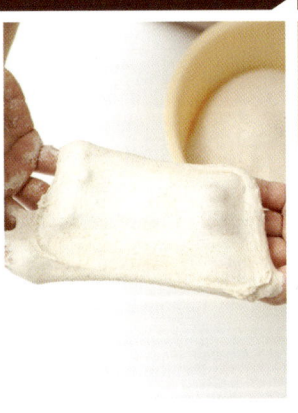

05
소금을 넣고 중속으로 2분 동안 반죽 온도를 23℃로 유지하면서 10단계까지 믹싱한다.

BAKING TIP

믹싱이 끝난 매끄러운 반죽 상태

06
바로 450g씩 분할해 둥글리기 한다.

07
브레드박스에 큰 비닐봉지를 깔고 그 안에 반죽을 넣어 비닐로 밀착시킨 다음 뚜껑을 덮지 않은 채 바로 냉동고에 넣는다.

tip 25일 동안 냉동 보관이 가능하다.

08
사용 전날 반죽을 냉장고로 옮겨 약 10시간 동안 4℃로 해동시킨 다.

09
재둥글리기 한 다음 실온에서 반죽 온도가 20~22℃가 될 때까지 해동시킨다.

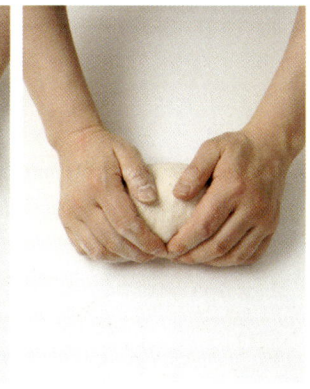

10
반죽을 납작하게 눌러 편 다음 매끄러운 면을 바닥 쪽으로 놓고 반죽을 한 방향으로 가볍게 말 아준다.

11
이음매 부분을 바닥에 대고 두께를 일정하게 다듬는다.

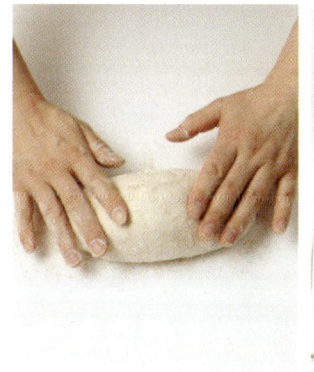

12
이음매를 다시 한 번 잘 봉하고 바닥에 대고 둥글려 타원형으로 모양을 다듬는다.

13
반죽을 광목에 올리고 표면이 마르지 않도록 광목이나 비닐을 덮어 25℃ 실온에서 50~60분 동안 발효시킨다.

14
실리콘페이퍼 위로 옮긴 뒤 윗면에 덧가루(통밀가루)를 뿌린다.

15
원하는 방향으로 칼집을 넣은 다음 윗불 220℃, 아랫불 200℃ 데크오븐에서 스팀 주입 후 25분 동안 굽는다.

tip 컨벡션오븐을 사용할 경우 250℃로 예열한 뒤 스팀 주입하고 190℃로 온도를 낮춰 25분 동안 굽는다.

바질 치즈 캉파뉴

스트레이트법 ┃ 6개 분량

[재료]

반죽

밀가루(실버스타)	900g
독일호밀가루 T997	100g
세미드라이이스트(레드)	4g
바질	8g
물A	700g
화이트사워종(p.18 참조)	400g
소금	20g
물B	80g
에담 치즈	150g
총 중량	**2,362g**

[주요 공정]

믹싱 (9~10단계)	저속 5분 → 소금 투입 → 저속 2분 → 중속 3분 → 물B 투입 → 치즈 투입, 반죽 온도 23~25℃
1차 발효 (냉장)	• **시간** 180분 　　　• **반죽 온도** 6~10℃ • **발효** 30~40%
분할	380g
냉동 보관	20일까지 가능
해동 (냉장→실온)	**냉장 해동** 반죽 온도 2~3℃(약 16시간) ▶▶ ▶▶ **실온 해동** 반죽 온도 18~20℃(약 120분)
성형	타원형
2차 발효 (실온)	90~120분
굽기	데크오븐 윗불 250℃, 아랫불 250℃ 스팀 주입 후 윗불 230℃, 아랫불 210℃로 낮춰 25분

01

볼에 밀가루, 독일호밀가루, 이스트, 잘게 다진 바질을 넣고 골고루 섞은 다음 믹서볼에 옮긴다.

tip 냉동 바질을 사용해도 된다.

02

물A, 화이트사워종을 넣고 저속으로 5분 동안 믹싱한 다음 글루텐이 생성되는 2단계에서 소금을 넣는다.

03

저속 2분, 중속 3분 동안 믹싱하면서 물B를 8번에 나누어 넣는다.

tip 물을 조금씩 넣어야 수화가 잘 이루어진다.

04

반죽 온도를 23~25℃로 유지하면서 9~10단계까지 믹싱한다.

BAKING TIP

믹싱이 끝난 매끄러운 반죽 상태

05

믹싱이 끝난 반죽에 잘게 썬 에담 치즈를 넣고 부서지지 않도록 손으로 가볍게 섞는다.

06

반죽에 랩을 밀착시켜 덮은 다음 반죽을 담은 볼에 다시 랩이나 비닐봉지를 씌워 냉장고에서 180분 동안 발효시킨다.

BAKING TIP

냉장 발효가 끝난 반죽 온도는 6~10℃이며 30~40% 정도 발효가 진행된 상태이다.

07
380g씩 분할해 둥글리기 한다. 브레드박스에 큰 비닐봉지를 깔고 그 안에 분할한 반죽을 넣어 비닐로 밀착시킨 다음 뚜껑을 덮지 않은 채 바로 냉동고에 넣는다.

tip 20일 동안 냉동 보관이 가능하다.

08
사용 전날 반죽을 냉장고로 옮겨 약 16시간 동안 2~3℃로 해동시킨다. 다시 실온에서 30분 동안 해동시키고 재둥글리기 한다.

09
90분 후 18~20℃가 되면 성형한다.

10
반죽의 매끄러운 면을 바닥 쪽으로 놓고 반죽을 한 방향으로 가볍게 말아준다.

11
이음매 부분을 바닥에 대고 잘 다듬는다

12
이음매를 잘 봉하고 덧가루를 뿌린 반느통에 이음매가 위를 향하도록 넣는다.

13
반죽 표면이 마르지 않도록 광목이나 비닐을 덮어 실온에서 90~120분 동안 발효시킨 다음 실리콘 페이퍼에 뒤집어 올린다.

tip 건조한 겨울철에는 광목을 덮으면 반죽 표면이 마를 수 있으므로 비닐을 덮는다.

14
세로로 비스듬히 칼집을 넣은 다음 윗불 250℃, 아랫불 250℃ 데크오븐에 넣고 스팀 주입 후 윗불 230℃, 아랫불 210℃로 낮춰 25분 동안 굽는다.

tip 컨벡션오븐의 사용은 추천하지 않지만 바닥에 베이킹스톤이나 동판이 깔려있는 경우 250℃에서 스팀 주입 후 200℃로 낮춰 20~25분 동안 굽는다.

초코 오렌지 바게트

스트레이트법 Ⅰ 10~11개 분량

[재료]

반죽

프랑스밀가루 T55	1,000g
세미드라이이스트(레드)	7g
코코아파우더	50g
물	800g
소금	19g
초코칩	150g
오렌지필	150g
총 중량	**2,176g**

[주요 공정]

믹싱 (9~10단계)	저속 4분 → 소금 투입 → 중속 10분 → 초코칩, 오렌지필 투입 반죽 온도 23~25℃
1차 발효 (냉장→냉동)	• **시간** 냉장 120분 → 냉동 60분 • **반죽 온도** 6~10℃ 　　• **발효** 30~40%
분할	200g
냉동 보관	20일까지 가능
해동 (냉장→실온)	**냉장 해동** 반죽 온도 2~3℃(약 16시간) ▶▶▶ ▶▶▶ **실온 해동** 반죽 온도 18~20℃(약 120분)
성형	막대형
2차 발효 (실온)	80분
굽기	**데크오븐** 윗불 220℃, 아랫불 200℃ 스팀 주입 후 28분

01
볼에 프랑스밀가루, 이스트, 코코아파우더를 넣고 골고루 섞은 다음 믹서볼에 옮긴다.

02
물을 넣고 저속으로 4분 동안 믹싱한 다음 소금을 넣는다.

03
중속으로 10분 동안 반죽 온도를 23~25℃로 유지하면서 9~10단계까지 믹싱한다.

BAKING TIP

믹싱이 끝난 매끄러운 반죽 상태

04
초코칩, 오렌지필을 넣고 손으로 부드럽게 섞거나 저속으로 믹싱한다.

05
반죽에 랩을 밀착시켜 덮고 반죽을 담은 볼에 다시 랩이나 비닐봉지를 씌운다. 냉장고에서 120분 동안 발효시킨 다음 냉동고로 옮겨 60분 동안 발효시킨다.

tip 이스트의 양에 따라 1차 발효 방법이 달라진다. 자세한 내용은 p.28을 참고한다.

BAKING TIP

냉동 발효가 끝난 반죽 온도는 6~10℃이며 30~40% 정도 발효가 진행된 상태이다.

06
200g씩 분할해 둥글리기 한다. 브레드박스에 큰 비닐봉지를 깔고 그 안에 분할한 반죽을 넣어 비닐로 밀착시킨 다음 뚜껑을 덮지 않은 채 바로 냉동고에 넣는다.

tip 20일 동안 냉동 보관이 가능하다.

07

사용 전날 반죽을 냉장고로 옮겨 약 16시간 동안 2~3℃로 해동시킨다. 다시 실온에서 30분 동안 해동시키고 재둥글리기 한 다음 90분 후 18~20℃가 되면 성형한다.

BAKING TIP

반죽을 손가락으로 눌렀을 때 단단하되 얼어있지 않고 탄력이 있는 상태인지 확인한다.

08

손바닥으로 가볍게 눌러 가스를 빼고 반죽 아래위를 한쪽씩 가운데로 모아 접는다.

09

한 번 더 말듯이 접고 손바닥 끝으로 눌러 20㎝로 만든다.

10

반죽을 광목에 올리고 표면이 마르지 않도록 광목이나 비닐을 덮어 실온에서 80분 동안 발효시킨다.

tip 건조한 거은철에는 광목을 덮으면 반죽 표면이 마를 수 있으므로 비닐을 덮는다.

11

실리콘페이퍼 위로 옮겨 원하는 방향으로 칼집을 넣은 다음 윗불 220℃, 아랫불 200℃ 데크오븐에 넣고 스팀 주입 후 28분 동안 굽는다.

tip 컨벡션오븐의 사용은 추천하지 않지만 바닥에 베이킹스톤이나 동판이 깔려있는 경우 250℃에서 스팀 주입 후 200℃로 낮춰 20~25분 동안 굽는다.

크랜베리 캉파뉴

스트레이트법 ㅣ 8개 분량

[재료]

반죽

프랑스밀가루 T55	800g
독일호밀가루 T997	100g
통밀가루(밥스레드밀 유기농)	100g
세미드라이이스트(레드)	10g
설탕	50g
소금	20g
물	700g
묵은 반죽	400g
무염버터	30g
건크랜베리	200g
총 중량	**2,410g**

[주요 공정]

믹싱 (9~10단계)	저속 3분 → 중속 7분 → 건크랜베리 투입 반죽 온도 23~25℃
1차 발효 (냉동)	• **시간** 180분 　　• **반죽 온도** 6~10℃ • **발효** 30~40%
분할	300g
냉동 보관	20일까지 가능
해동 (냉장→실온)	**냉장 해동** 반죽 온도 2~3℃(약 16시간) ▶▶ ▶▶ **실온 해동** 반죽 온도 18~20℃(약 120분)
성형	타원형
2차 발효 (발효실 또는 실온)	• **발효실** 시간 50~60분, 온도 30℃, 습도 85% • **실온** 70분
굽기	데크오븐 윗불 240℃, 아랫불 230℃ 스팀 주입 후 윗불 240℃, 아랫불 210℃로 낮춰 23분

01

볼에 프랑스밀가루, 독일호밀가루, 통밀가루, 이스트, 설탕, 소금을 넣고 골고루 섞은 다음 믹서볼에 옮긴다.

02

물, 묵은 반죽을 넣고 저속으로 3분 동안 믹싱한 다음 버터를 넣는다. 중속으로 7분 동안 반죽 온도를 23~25℃로 유지하면서 9~10단계까지 믹싱한다.

tip 저배합 반죽은 11단계까지 믹싱하면 질겨질 수 있다.

03

건크랜베리를 넣고 저속으로 믹싱하거나 손으로 부드럽게 섞는다.

tip 호밀가루가 들어간 반죽은 밀가루 반죽에 비해 마찰계수가 적어 믹싱시간이 짧다.

BAKING TIP

믹싱이 끝난 매끄러운 반죽 상태

04

반죽에 랩을 밀착시켜 덮은 다음 반죽을 담은 볼에 다시 랩이나 비닐봉지를 씌워 냉동고에서 180분 동안 발효시킨다.

BAKING TIP

냉동 발효가 끝난 반죽 온도는 6~10℃이며 30~40% 정도 발효가 진행된 상태이다.

05

반죽의 온도를 고르게 만들기 위해 가장자리 반죽을 안쪽으로 접은 뒤 300g씩 분할해 둥글리기 한다. 브레드박스에 큰 비닐봉지를 깔고 그 안에 분할한 반죽을 넣어 비닐로 밀착시킨 다음 뚜껑을 덮지 않은 채 바로 냉동고에 넣는다.

tip 20일 동안 냉동 보관이 가능하다.

06

사용 전날 반죽을 냉장고로 옮겨 약 16시간 동안 2~3℃로 해동시킨다. 다시 실온에서 30분 동안 해동시키고 재둥글리기 한 다음 90분 후 18~20℃가 되면 성형한다.

07
손바닥으로 반죽을 눌러 가볍게 가스를 뺀 다음 반죽 한쪽을 가운데로 접는다.

08
다른 한쪽도 가운데로 접고 둥글게 말아준다.

09
손바닥 끝으로 반죽을 골고루 눌러주고 둥글려 길게 늘인다.

2차 발효 | 굽기

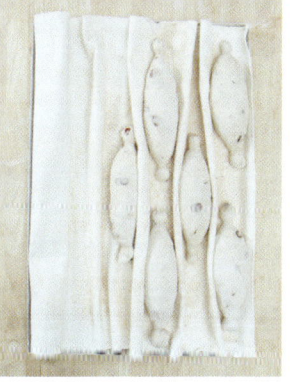

10
양 끝을 동그랗게 만들고 덧가루를 뿌린 광목에 올린다.

11
온도 30℃, 습도 85% 발효실에서 50~60분, 또는 실온에서 70분 동안 발효시키다.

12
가운데에 칼집을 넣은 나음 윗불 240℃, 아랫불 230℃ 데크 오븐에 넣고 스팀 주입 후 아랫불만 210℃로 낮춰 23분 동안 굽는다.

tip 컨벡션오븐의 사용은 추천하지 않지만 바닥에 베이킹스톤이나 농판이 깔려있는 경우 250℃에서 스팀 주입 후 200℃로 낮춰 20~25분 동안 굽는다.

치아바타

스트레이트법 ㅣ 12개 분량

[재료]

오토리즈 반죽

강력분 ························· 500g
프랑스밀가루 T55 ········ 250g
물A ···························· 560g

본 반죽

물B(30℃) ····················· 20g
세미드라이이스트(레드) ····· 6g
삼곡 르방(p.19 참조) ······· 150g
소금 ···························· 14g
물C ···························· 50g
올리브오일 ··················· 50g
블랙올리브 ··················· 120g
총 중량 ··················· **1,720g**

tip

삼곡 르방을 묵은 반죽으로
대체할 경우, 물C는 80g을 넣는다.

[주요 공정]

믹싱 (9~10단계)	• **오토리즈 반죽** 저속 2분 → 중속 1분 • **본 반죽** 저속 3분 → 중속 1분 → 소금 투입 → 중속 2분 → 물C 투입 → 올리브오일 투입 → 중속 5분 → 고속 1분 → 올리브 투입, 반죽 온도 23~25℃
1차 발효 (냉장)	• **시간** 180분 • **반죽 온도** 6~10℃ • **발효** 30~40%
분할	140g
냉동 보관	20일까지 가능
해동 (냉장→실온)	**냉장 해동** 반죽 온도 2~3℃(약 8~12시간) ▶ ▶ ▶ ▶ **실온 해동** 반죽 온도 18~20℃(약 120분)
성형	타원형
2차 발효 (실온)	50~70분
굽기	• 데크오븐 윗불 260℃, 아랫불 230℃ 스팀 주입 후 8분 • 컨벡션오븐 250℃ 스팀 주입 후 210℃로 **낮춰** 8~10분

01

믹서볼에 강력분, 프랑스밀가루, 물A를 넣고 저속 2분, 중속 1분 동안 믹싱한다. 반죽을 20~30분 동안 수화시켜 20~23℃로 만든다.

tip 여름에는 냉장, 겨울에는 실온에서 수화시켜 반죽 온도를 맞춘다.

02

오토리즈 반죽에 물B(30℃)에 푼 이스트와 삼곡 르방을 넣고 저속 3분, 중속 1분 동안 믹싱한다.

03

소금을 넣고 중속 2분 동안 믹싱한 다음 반죽이 볼에 달라붙지 않는 상태가 되면 물C를 5번에 나누어 넣는다.

tip 물을 조금씩 넣어야 수화가 잘 이루어진다.

04

올리브오일을 3번에 나누어 넣고 중속 5분, 고속 1분 동안 반죽 온도를 23~25℃로 유지하면서 9~10단계까지 믹싱한다.

tip 저배합 반죽은 11단계까지 믹싱하면 질겨질 수 있다.

BAKING TIP

믹싱이 끝난 매끄러운 반죽 상태

05

슬라이스한 블랙올리브를 넣고 손으로 부드럽게 섞는다.

06

반죽을 담은 볼에 랩이나 비닐봉지를 씌워 냉장고에서 180분 동안 발효시킨다.

tip 진 반죽은 랩을 밀착시키면 달라붙을 수 있어 볼째로 랩을 씌운다.

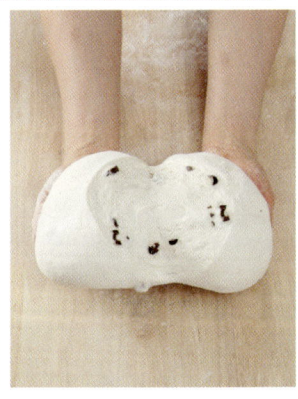

BAKING TIP

냉장 발효가 끝난 반죽 온도는 6~10℃이며 30~40% 정도 발효가 진행된 상태이다.

07

140g씩 분할해 둥글리기 한다. 브레드박스에 큰 비닐봉지를 깔고 그 안에 분할한 반죽을 넣어 비닐로 밀착시킨 다음 뚜껑을 덮지 않은 채 바로 냉동고에 넣는다.

tip 20일 동안 냉동 보관이 가능하다.

08

사용 전날 반죽을 냉장고로 옮겨 약 8~12시간 동안 2~3℃로 해동시킨다. 다시 실온에서 30분 동안 해동시키고 재둥글리기 한 다음 90분 후 18~20℃가 되면 성형한다.

tip 재둥글리기는 반죽에 산소를 공급하고 탄력을 준다.

BAKING TIP

반죽을 손가락으로 눌렀을 때 단단하되 얼어있지 않고 탄력이 있는 상태인지 확인한다.

09

반죽을 손바닥으로 가볍게 눌러 가스를 뺀다.

10

반죽을 뒤집어서 끝을 잡고 한 방향으로 둥글게 말아준다.

11

이음매를 집어 봉하고 덧가루를 뿌린 광목에 옮긴다.

12

광목으로 반죽을 덮고 실온에서 반죽 가장자리가 살짝 부풀 때까지 여름에는 60분, 겨울에는 70분 동안 발효시킨다.

13

실리콘페이퍼에 옮겨 윗불 260℃, 아랫불 230℃ 데크오븐에 스팀 주입 후 8분, 또는 250℃ 컨벡션오븐에 스팀 주입 후 210℃로 낮춰 8~10분동안 굽는다.

베이컨 올리브 포카치아

스트레이트법 ㅣ 9개 분량

[재료]

오토리즈 반죽

프랑스밀가루 T55	600g
통밀가루(밥스레드밀)	150g
물A	555g

본 반죽

물B(30℃)	20g
세미드라이이스트(레드)	6g
화이트사워종(p.18 참조)	150g
소금	14g
물C	30g
올리브오일	34g
양파	75g
할라피뇨	50g
베이컨	100g
건크랜베리	90g
총 중량	**1,874g**

토핑

블랙올리브	150g
파마산 치즈(분말)	석닝량

[주요 공정]

믹싱
(9~10단계)
	• **오토리즈 반죽** 저속 2분 → 중속 1분
	• **본 반죽** 저속 3분 → 중속 1분 → 소금 투입 → 중속 1분
	  → 물C 투입 → 올리브오일 투입 → 중속 3분
	  → 양파, 할라피뇨, 베이컨, 건크랜베리 투입
	반죽 온도 23~25℃

1차 발효 (냉장)	• **시간** 180분 • **반죽 온도** 6~10℃ • **발효** 30~40%
분할	200g
냉동 보관	20일까지 가능
해동 (냉장→실온)	**냉장 해동** 반죽 온도 2~3℃(약 16시간) ▶ ▶ ▶ ▶ ▶ ▶ **실온 해동** 반죽 온도 18~20℃까지(약 120분)
성형	납작한 원형
2차 발효 (발효실 또는 실온)	• **발효실** 시간 30~40분, 온도 28℃, 습도 75% • **실온** 50분
굽기	• **데크오븐** 윗불 250℃, 아랫불 230℃ 스팀 주입 후 윗불 250℃, 아랫불 210℃로 낮춰 12분 • **컨벡션오븐** 250℃ 스팀 수입 후 210℃로 낮춰 12분

01

믹서볼에 프랑스밀가루, 통밀 가루, 물A를 넣고 저속 2분, 중속 1분 동안 믹싱한다. 반죽 을 20~30분 동안 수화시켜 20~23℃로 만든다.

tip 여름에는 냉장, 겨울에는 실온 에서 수화시켜 반죽 온도를 맞춘다.

02

오토리즈 반죽에 물B(30℃)에 푼 이스트와 화이트사워종을 넣는다.

03

저속 3분, 중속 1분 동안 믹싱한 다음 소금을 넣고 중속으로 1분 동안 믹싱한다.

04

반죽이 믹서볼에 달라붙지 않는 상태가 되면 반죽이 퍼지지 않도 록 물C를 3번에 나누어 넣는다.

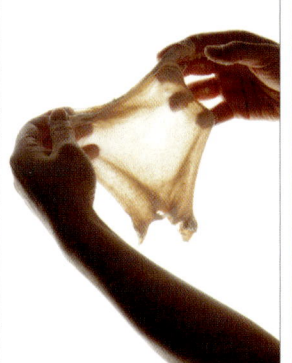

05

올리브오일을 2번에 나누어 넣고 중속으로 3분 동안 반죽 온도를 23~25℃로 유지하면서 9~10단 계까지 믹싱한다.

tip 저배합 반죽은 11단계까지 믹싱하 면 질겨질 수 있다.

BAKING TIP

믹싱이 끝난 매끄러운 반죽 상태

06

잘게 다진 양파와 할라피뇨, 구 워서 잘게 썬 베이컨, 건크랜베 리를 넣고 손으로 가볍게 섞거 나 저속으로 믹싱한다.

tip 부서지기 쉬운 재료는 손으로 섞 는 것이 좋다.

07

반죽을 담은 볼에 랩이나 비닐봉 지를 씌워 냉장고에서 180분 동 안 발효시킨다.

tip 진 반죽은 랩을 밀착시키면 달라 붙을 수 있어 볼째로 랩을 씌운다.

BAKING TIP

냉장 발효가 끝난 반죽 온도는 6~10℃이며 30~40% 정도 발효가 진행된 상태이다.

08
200g씩 분할해 둥글리기 한다. 브레드박스에 큰 비닐봉지를 깔고 그 안에 반죽을 넣어 비닐로 밀착시킨 다음 바로 냉동고에 넣는다.

tip 20일 동안 냉동 보관이 가능하다.

09
사용 전날 반죽을 냉장고로 옮겨 약 16시간 동안 2~3℃로 해동시킨다. 다시 실온에서 30분 동안 해동시키고 재둥글리기 한 다음 90분 후 18~20℃가 되면 성형한다.

tip 반죽의 힘이 약할 경우, 성형 전 반죽 온도 15℃에서 다시 한 번 가볍게 재둥글리기 한나.

BAKING TIP

반죽을 손가락으로 눌렀을 때 단단하되 얼어있지 않고 탄력이 있는 상태인지 확인한다.

10
실리콘페이퍼 위에 적당한 간격을 두고 반죽을 올린다.

11
양손 검지와 중지를 이용해 반죽을 둥글납작하게 누른다.

12
슬라이스한 블랙올리브와 파마산 치즈를 올리고 온도 28℃, 습도 75% 발효실에서 30~40분, 또는 실온에서 50분 동안 발효시킨다.

13
윗불 250℃, 아랫불 230℃ 데크오븐에 스팀 주입 후 아랫불만 210℃로 낮춰 12분, 또는 250℃ 컨벡션오븐에 스팀 주입 후 210℃로 낮춰 12분 동안 굽는다.

올리브 푸가스

스트레이트법 ㅣ 8~9개 분량

[재료]

반죽

프랑스밀가루 T65	675g
호밀가루(밥스레드밀)	75g
세미드라이이스트(레드)	5g
물	530g
삼곡 르방(p.19 참조)	150g
꿀	8g
몰트농축액	7g
소금	14g
올리브오일	38g
블랙올리브	120g
그린올리브	120g
총 중량	**1,742g**

토핑 및 마무리

올리브오일	적당량
파마산 치즈(분말)	적당량

[주요 공정]

믹싱 (9~10단계)	저속 2분 → 중속 1분 → 소금 투입 → 중속 3분 → 올리브오일 투입 → 중속 2분 → 올리브 투입 반죽 온도 23~25℃
1차 발효 (냉장→냉동)	• **시간** 냉장 60분 → 냉동 120분 • **반죽 온도** 6~10℃　　• **발효** 30~40%
분할	200g
냉동 보관	20일까지 가능
해동 (냉장→실온)	냉장 **해동** 반죽 온도 2~3℃(약 16시간) ▶▶ ▶▶ 실온 **해동** 반죽 온도 18~20℃(약 120분)
성형	나뭇잎 모양
2차 발효 (발효실 또는 실온)	• **발효실** 시간 40분, 온도 30℃, 습도 80% • **실온** 60분
굽기	• **데크오븐** 윗불 250℃, 아랫불 220℃ 스팀 주입 후 18분 • **컨벡션오븐** 250℃ 스팀 주입 후 210℃로 낮춰 12분

01

볼에 프랑스밀가루, 호밀가루, 이스트를 넣고 골고루 섞은 다음 믹서볼에 옮긴다.

02

물, 삼곡 르방, 꿀, 몰트농축액을 넣고 저속 2분, 중속 1분 동안 믹싱한 다음 글루텐이 생성되는 2단계에서 소금을 넣는다.

03

중속으로 3분 동안 믹싱한 다음 올리브오일을 넣고 중속으로 2분 동안 반죽 온도를 23~25℃로 유지하면서 9~10단계까지 믹싱한다.

tip 저배합 반죽은 11단계까지 믹싱하면 질겨질 수 있다.

BAKING TIP

믹싱이 끝난 매끄러운 반죽 상태

04

가로로 썬 블랙올리브와 세로로 썬 그린올리브를 넣고 물이 나오지 않도록 가볍게 손으로 섞는다.

05

반죽에 랩을 밀착시켜 덮고 반죽을 담은 볼에 다시 랩이나 비닐봉지를 씌운다. 냉장고에서 60분 동안 발효시킨 다음 냉동고로 옮겨 120분 동안 발효시킨다.

tip 이스트의 양에 따라 1차 발효 방법이 달라진다. 자세한 내용은 p.28을 참고한다.

BAKING TIP

냉동 발효가 끝난 반죽 온도는 6~10℃이며 30~40% 정도 발효가 진행된 상태이다.

06

200g씩 분할해 둥글리기 한다. 브레드박스에 큰 비닐봉지를 깔고 그 안에 반죽을 넣어 비닐로 밀착시킨 다음 바로 냉동고에 넣는다.

tip 20일 동안 냉동 보관이 가능하다.

07

사용 전날 반죽을 냉장고로 옮겨 약 16시간 동안 2~3℃로 해동시킨다. 다시 실온에서 30분 동안 해동시키고 재둥글리기 한 다음 90분 후 18~20℃가 되면 성형한다.

BAKING TIP

반죽을 손가락으로 눌렀을 때 단단하되 얼어있지 않고 탄력이 있는 상태인지 확인한다.

08

철판이나 실리콘페이퍼로 옮긴 다음 손바닥으로 가볍게 눌러 가스를 뺀다.

09

양손 검지와 중지를 이용해 올리브오일을 반죽 전체에 바르면서 평평하게 누른다.

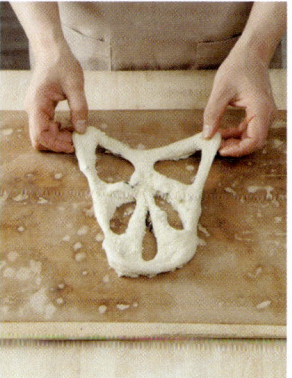

10

파마산 치즈를 골고루 뿌리고 스크레이퍼를 이용해 반죽에 나뭇잎 잎맥 모양으로 칼집을 5개 낸다.

11

손으로 잡고 아래쪽으로 늘여 푸가스 모양을 만든다.

12

온도 30℃, 습도 80% 발효실에서 40분 또는 실온에서 60분 동인 발효시킨다.

13

윗불 250℃, 아랫불 220℃ 데크오븐에 스팀 주입 후 18분, 또는 260℃ 컨벡션오븐에 스팀 주입 후 210℃로 낮춰 12분 동안 구운 다음 붓으로 올리브오일을 바른다.

DANISH
PASTRIES

데니시 페이스트리는 버터와 함께 반죽을 겹겹이 접어 성형한 다음 바삭하게 구워낸
제품을 일컫는다. 어떤 계열의 빵보다도 과반죽에 적합하지 않기 때문에
다른 빵들과는 조금 다르게 믹싱 후 1차 발효 전에 반죽을 냉동하는 기법을 소개한다.
이 기법은 이스트가 활동을 시작하기 전에 냉동시키기 때문에 다른 시점에서
냉동하는 것보다 훨씬 안정적인 반죽 상태를 유지할 수 있다.
부재료나 접기 방법 등에 대한 세세한 팁에도 주목하자.

4

[DANISH PASTRIES]

데니시
페이스트리

FROZEN DOUGH

오리지널 크루아상

스트레이트법 | 13개 분량

[재료]

반죽

강력분(코끼리)	250g
박력분	250g
무염버터	17g
물A(30℃)	30g
세미드라이이스트(골드)	11g
소금	10g
설탕	45g
우유	180g
몰트농축액	3g
물B	90g
총 중량	**886g**

필링

충전용 버터	250g

달걀물 시럽

달걀	60g
물	8g
설탕	8g

[주요 공정]

믹싱 (6단계)	저속 5분 → 중속 4분 반죽 온도 23~25℃
냉동 보관	15일까지 가능
1차 발효 (냉장)	반죽 온도 -1~2℃(약 16~18시간)
밀어 접기	4절 접기(1회차) → 냉동 휴지 15~20분 → 4절 접기(2회차) → 냉동 휴지 15~20분
재단	밑변 10cm, 높이 26cm 이등변 삼각형
2차 발효 (발효실)	• 시간 90분 • 온도 28℃ • 습도 85%
굽기	• 데크오븐 윗불 220℃, 아랫불 170℃에서 20분 • 컨벡션오븐 180~190℃에서 18~20분

CHEF's NOTE

달걀물 시럽

볼에 모든 재료를 넣고 거품기로 골고루 섞은 후 체에 거른다.

tip 오븐에서 반죽이 팽창하면서 달걀물 시럽을 바른 부분만 진하게 구워져 명암이 생긴다. 또한 설탕을 넣은 달걀물은 색깔과 광택이 더 살아난다.

01
믹서볼에 강력분, 박력분, 버터, 물 A(30℃)에 푼 이스트를 넣는다.

02
소금, 설탕, 우유, 몰트농축액을 섞은 물B를 붓고 저속 5분, 중속 4분 동안 반죽 온도를 23~25℃로 유지하면서 6단계까지 믹싱한다.

03
반죽을 비닐봉지에 넣고 손바닥과 밀대를 이용해 30×22㎝ 직사각형으로 밀어 편 다음 냉동고에 보관한다.

tip 15일 동안 냉동 보관이 가능하다.

04
사용 전날 반죽을 냉장고로 옮기고 -1~2℃가 될 때까지 약 16~18시간 동안 발효시킨다.

tip 최적의 온도는 -1℃이지만 2℃까지도 발효가 가능하다.

05
충전용 버터를 비닐봉지에 넣고 밀대로 두드려 부드러운 상태로 만든 다음 22×16㎝로 성형해 30분 동안 냉장고에 보관한다.

06
냉장고에서 꺼낸 반죽을 밀대를 이용해 충전용 버터의 2배 길이로 잘 밀어 편 다음 충전용 버터를 반죽 가운데에 놓고 반죽 아랫부분의 ¼을 가운데로 접는다.

07
반죽 윗부분의 ¼도 가운데로 접어 버터를 완전히 덮고 이음매를 잘 봉한다.

tip 반죽과 버터의 굳기가 동일해야 한다. 버터가 반죽보다 부드러우면 버터가 옆으로 빠져나올 수 있다.

08
반죽 앞뒤를 밀대로 밀어 펴 이음매를 정돈한 다음 버터가 보이는 면을 몸 앞으로 놓고 폭 27㎝, 두께 5㎜로 밀어 편다.

tip 이때 반죽의 길이보다는 두께가 중요하며 폭은 최종까지 유지된다(버터가 보이는 면이 폭, 보이지 않는 면이 길이다).

성형

09

반죽 아랫부분의 ⅛을 가운데로 접고 윗부분의 ⅜을 가운데로 접어 절반 크기로 만든 다음 밀대로 살짝 밀어 편다. 다시 반으로 포개 접고 두께 12㎜까지 밀어 편다(4절 접기 1회차).

tip 이 같은 방식으로 4절 접기를 하면 버터가 반죽 끝까지 들어가 구웠을 때 결이 더 잘 살아난다.

10

비닐봉지로 밀착시켜 덮은 다음 냉동고에서 15~20분 동안 휴지시킨다.

tip 가능하면 -5℃에서 40분 동안 휴지시키는 것이 더 좋다.

11

4절 접기를 1번 더 반복한 다음 (4절 접기 2회차) 비닐봉지로 밀착시켜 덮어 냉동고에서 15~20분 동안 휴지시킨다.

tip 본 공정에서는 파이롤러를 사용 했으며 기계에 따라 두께 설정에 조금 씩 차이가 날 수 있다.

12

최종적으로 반죽을 길이 65㎝, 두께 4㎜로 밀어 펴고 자와 커터를 이용해 사방을 깨끗이 잘라낸 다음 밑변 10㎝, 높이 26㎝ 이등변 삼각형으로 재단한다.

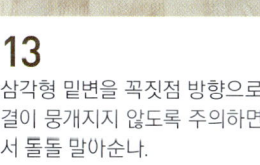

13

삼각형 밑변을 꼭짓점 방향으로 결이 뭉개지지 않도록 주의하면서 돌돌 말아순다.

14

꼭짓점이 아래를 향하도록 철판에 올린다.

**2차 발효** **굽기**

15

온도 28℃, 습도 85% 발효실에서 2배 크기가 될 때까지 90분 동안 발효시킨다.

16

달걀물 시럽을 바르고 윗불 220℃, 아랫불 170℃ 데크오븐에 20분, 또는 180~190℃ 컨벡션오븐에 18~20분 동안 굽는다.

191

시오 크루아상

스트레이트법 ┃ 13개 분량

*「시오」는 일본어로 소금을 뜻한다.

[재료]

반죽

강력분(코끼리)	250g
박력분	250g
무염버터	25g
물A(30℃)	30g
세미드라이이스트(골드)	10g
소금	10g
설탕	90g
우유	200g
몰트농축액	3g
물B	70g
총 중량	**1,235g**

필링

충전용 버터	250g

달걀물 시럽

달걀	60g
물	8g
설탕	8g

마무리

펄솔트	적당량

[주요 공정]

믹싱 (6단계)	저속 5분 → 중속 4분 반죽 온도 23~25℃
냉동 보관	15일까지 가능
1차 발효 (냉장)	**반죽 온도** -1~2℃(약 16~18시간)
접기	4절 접기(1회차) → 냉동 휴지 15~20분 , 4절 접기(2회차) → 냉동 휴지 15~20분
재단	밑변 8㎝, 높이 16㎝ 이등변 삼각형
2차 발효 (발효실)	• **시간** 90분 • **온도** 28℃ • **습도** 85%
굽기	• **데크오븐** 윗불 220℃, 아랫불 170℃에서 20분 • **컨벡션오븐** 180~190℃에서 16분

01
믹서볼에 강력분, 박력분, 버터, 물 A(30℃)에 푼 이스트를 넣는다.

02
소금, 설탕, 우유, 몰트농축액을 섞은 물B를 붓고 저속 5분, 중속 4분 동안 반죽 온도를 23~25℃ 로 유지하면서 6단계까지 믹싱 한다.

03
반죽을 비닐봉지에 넣고 손바닥 과 밀대를 이용해 30×22㎝ 직 사각형으로 밀어 편 다음 냉동고 에 보관한다.

tip 15일 동안 냉동 보관이 가능하다.

04
사용 전날 반죽을 냉장고로 옮 기고 -1~2℃가 될 때까지 약 16~18시간 동안 발효시킨다.

tip 최적의 온도는 -1℃이지만 2℃ 까지도 발효가 가능하다.

밀어 접기

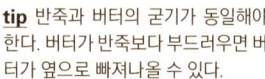

05
충전용 버터를 비닐봉지에 넣고 밀대로 두드려 부드러운 상태로 만든 다음 22×16㎝로 성형해 30분 동안 냉장고에 보관한다.

06
냉장고에서 꺼낸 반죽을 밀대를 이용해 충전용 버터의 2배 길이 로 밀어 편 다음 충전용 버터를 반죽 가운데에 놓고 반죽 아랫부 분의 ¼을 가운데로 접는다.

07
반죽 윗부분의 ¼도 가운데로 접 어 버터를 완전히 덮고 이음매를 잘 봉한다.

tip 반죽과 버터의 굳기가 동일해야 한다. 버터가 반죽보다 부드러우면 버 터가 옆으로 빠져나올 수 있다.

08
반죽 앞뒤를 밀대로 밀어 펴 이 음매를 정돈한 다음 버터가 보이 는 면을 몸 앞으로 놓고 폭 33㎝, 두께 5㎜로 밀어 편다.

tip 이때 반죽의 길이보다는 두께가 중요하며 폭은 최종까지 유지된다(버 터가 보이는 면이 폭, 보이지 않는 면 이 길이다).

09

반죽 아랫부분의 ⅛을 가운데로 접고 윗부분의 ⅜을 가운데로 접어 절반 크기로 만든 다음 밀대로 살짝 밀어 편다. 다시 반으로 포개 접고 두께 12㎜까지 밀어 편다(4 절 접기 1회차).

tip 이 같은 방식으로 4절 접기를 히면 버터가 반죽 끝까지 들어가 구웠을 때 결이 더 잘 살아난다.

10

비닐봉지로 밀착시켜 덮은 다음 냉동고에서 15~20분 동안 휴지 시킨다.

tip 가능하면 -5℃에서 40분 동안 휴지시키는 것이 더 좋다.

11

4절 접기를 1번 더 반복한 다음 (4절 접기 2회차) 비닐봉지로 밀착시켜 덮어 냉동고에서 15~20분 동안 휴지시킨다.

tip 본 공정에서는 파이롤러를 사용했으며 기계에 따라 두께 설정에 조금씩 차이가 날 수 있다.

12

최종적으로 반죽을 길이 112㎝, 두께 4㎜로 밀어 펴고 자와 커터를 이용해 사방을 깨끗이 잘라낸 다음 밑변 8㎝, 높이 16㎝ 이등변 삼각형으로 재단한다.

13

밑변 가운데에 1~2㎝의 칼집을 낸 다음 칼집 부분을 찢으면서 좌우로 벌린다.

14

꼭짓점 방향으로 반죽의 결이 뭉개지지 않도록 주의하면서 돌돌 말아준다.

15

온도 28℃, 습도 85% 발효실에서 2배 크기가 될 때까지 90분 동안 발효시킨다.

16

체에 거른 달걀물 시럽을 바르고 펄솔트를 뿌린다. 윗불 220℃, 아랫불 170℃ 데크오븐에 20분, 또는 180~190℃ 컨벡션오븐에 16분 동안 굽는다.

tip 펄솔트는 입자가 크고 누꺼워 오븐에 구워도 타지 않는다. 히말라야 소금도 사용 가능하다.

초코 크루아상

스트레이트법 ㅣ 13개 분량

[재료]

반죽

프랑스밀가루 T55	500g
코코아파우더	15g
무염버터	25g
물A(30℃)	30g
세미드라이이스트(골드)	11g
소금	9g
설탕	40g
몰드농축액	4g
물B	300g
총 중량	**934g**

필링

충전용 버터	250g
초코스틱	13개

달걀물 시럽

달걀	60g
물	8g
설탕	8g

마무리

코팅용 다크초콜릿	적당량
오레오 과자	적당량
로투스 과자	적당량
코팅용 화이트초콜릿	적당량
데코스노우파우더	석낭량

[주요 공정]

믹싱 (6단계)	저속 5분 → 중속 4분 반죽 온도 23~25℃
냉동 보관	15일까지 가능
1차 발효 (냉장)	**반죽 온도** -1~2℃(약 16~18시간)
밀어 접기	4절 접기(1회차) → 냉동 휴지 15~20문 → 4설 접기(2회차) → 냉동 휴지 15~20분
재단	밑변 10cm, 높이 26cm 이등변 삼각형
2차 발효 (발효실)	• **시간** 90분 • **온도** 28℃ • **습도** 85%
굽기	• 데크오븐 윗불 220℃, 아랫불 170℃에서 20분 • 컨벡션오븐 180~190℃에서 18~20분

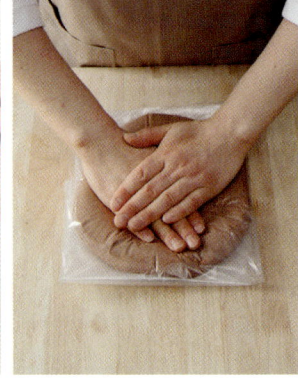

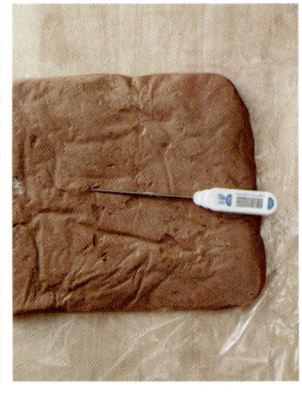

01

믹서볼에 프랑스밀가루, 코코아
파우더, 버터, 물A(30℃)에 푼
이스트를 넣는다.

02

소금, 설탕, 몰트농축액을 섞은 물
B를 붓고 저속 5분, 중속 4분 동
안 반죽 온도를 23~25℃로 유지
하면서 6단계까지 믹싱한다.

03

반죽을 비닐봉지에 넣고 손바닥
과 밀대를 이용해 30×22㎝의
직사각형으로 밀어 편 다음 냉동
고에 보관한다.

tip 15일 동안 냉동 보관이 가능하다.

04

사용 전날 반죽을 냉장고로 옮기
고 -1~2℃가 될 때까지 약 16~18
시간 동안 발효시킨다.

tip 최적의 온도는 -1℃이지만 2℃까
지도 발효가 가능하다.

05

충전용 버터를 비닐봉지에 넣고
밀대로 두드려 부드러운 상태로
만든 다음 22×16㎝로 성형해
30분 동안 냉장고에 보관한다.

06

냉장고에서 꺼낸 반죽을 밀대를
이용해 충전용 버터의 2배 길이
로 밀어 편 다음 충전용 버터를
반죽 가운데에 놓고 반죽 아랫부
분의 ¼을 가운데로 접는다.

07

반죽 윗부분의 ¼도 가운데로 접
어 버터를 완전히 덮고 이음매를
잘 봉한다.

tip 반죽과 버터의 굳기가 동일해야
한다. 버터가 반죽보다 부드러우면 버
터가 옆으로 빠져나올 수 있다.

08

반죽 앞뒤를 밀대로 밀어 펴 이
음매를 정돈한 다음 버터가 보이
는 면을 몸 앞으로 놓고 폭 27㎝,
두께 5㎜로 밀어 편다.

tip 이때 반죽의 길이보다는 두께가
중요하며 폭은 최종까지 유지된다(버
터가 보이는 면이 폭, 보이지 않는 면
이 길이다).

09
반죽 아랫부분의 ⅛을 가운데로 접고 윗부분의 ⅜을 가운데로 접어 절반 크기로 만든 다음 밀대로 살짝 밀어 편다. 다시 반으로 포개 접고 두께 12㎜까지 밀어 편다(4절 접기 1회차).

tip 이 같은 방식으로 4절 접기를 하면 버터가 반죽 끝까지 들어가 구웠을 때 결이 더 잘 살아난다.

10
비닐봉지로 밀착시켜 덮은 다음 냉동고에서 15~20분 동안 휴지시킨다.

tip 가능하면 -5℃에서 40분 동안 휴지시키는 것이 더 좋다.

11
4절 접기를 1번 더 반복한 다음 (4절 접기 2회차) 비닐봉지로 밀착시켜 덮어 냉동고에서 15~20분 동안 휴지시킨다.

tip 본 공정에서는 파이롤러를 사용했으며 기계에 따라 두께 설정에 조금씩 차이가 날 수 있다.

12
최종적으로 반죽을 길이 65㎝, 두께 4㎜로 밀어 펴고 자와 커터를 이용해 사방을 깨끗이 잘라낸 다음 밑변 10㎝, 높이 26㎝의 이등변 삼각형으로 재단한다.

13
초코스틱 1개를 삼각형 반죽의 밑변 가까이에 올리고 꼭짓점 방향으로 돌돌 말아준다.

14
온도 28℃, 습도 85% 발효실에서 2배 크기가 될 때까지 90분 동안 발효시킨 다음 제에 거른 달걀물 시럽을 바른다.

15
윗불 220℃, 아랫불 170℃ 데크 오븐에 20분, 또는 180~190℃ 긴넥선오븐에 10~20분 동안 구운 다음 완전히 식으면 코팅용 다크초콜릿으로 코팅한다.

16
오레오 과자와 로투스 과자를 올리고 코팅용 화이트초콜릿을 짤주머니에 넣어 지그재그로 짠 다음 고운체로 데코스노우파우더를 뿌린다.

데니시 페이스트리 식빵

스트레이트법 | 6개 분량

[재료]

반죽

강력분(코끼리)	400g
중력분	100g
무염버터	25g
물A(30℃)	40g
세미드라이이스트(골드)	9g
소금	9g
설탕	40g
달걀	30g
몰트농축액	5g
물B	220g
총 중량	**878g**

필링

충전용 버터	230g

달걀물 시럽

달걀	60g
물	8g
설탕	8g

[주요 공정]

믹싱 (6단계)	저속 5분 → 중속 4분 반죽 온도 23~25℃
냉동 보관	15일까지 가능
1차 발효 (냉장)	**반죽 온도 -1~2℃ (약 16~18시간)**
밀어 접기	3절 접기(1회차) → 냉동 휴지 15~20분 → 3절 접기(2회차, 3회차) → 냉동 휴지 15~20분
재단	14×13cm 직사각형(16×8cm 식빵틀 기준)
2차 발효 (발효실)	• 시간 90분　　　• 온도 28℃ • 습도 85%
굽기	• 데크오븐 윗불 220℃, 아랫불 170℃에서 20분 • 컨벡션오븐 180~190℃에서 18~20분

01
믹서볼에 강력분, 중력분, 버터, 물 A(30℃)에 푼 이스트를 넣는다.

02
소금, 설탕, 달걀, 몰트농축액을 섞은 물B를 붓고 저속 5분, 중속 4분 동안 반죽 온도를 23~25℃ 로 유지하면서 6단계까지 믹싱 한다.

03
반죽을 비닐봉지에 넣고 손바닥 과 밀대를 이용해 30×22㎝ 직 사각형으로 밀어 편 다음 냉동고 에 보관한다.

tip 15일 동안 냉동 보관이 가능하다.

04
사용 전날 반죽을 냉장고로 옮 기고 -1~2℃가 될 때까지 약 16~18시간 동안 발효시킨다.

tip 최적의 온도는 -1℃이지만 2℃ 까지도 발효가 가능하다.

05
충전용 버터를 비닐봉지에 넣고 밀대로 두드려 부드러운 상태로 만든 다음 22×16㎝로 성형해 30분 동안 냉장고에 보관한다.

06
냉장고에서 꺼낸 반죽을 밀대를 이용해 충전용 버터의 2배 길이 로 밀어 편 다음 충전용 버터를 반죽 가운데에 놓고 반죽 아랫부 분의 ¼을 가운데로 접는다.

07
반죽 윗부분의 ¼도 가운데로 접 어 버터를 완전히 덮고 이음매를 잘 봉한다.

tip 반죽과 버터의 굳기가 동일해야 한다. 버터가 반죽보다 부드러우면 버 터가 옆으로 빠져나올 수 있다.

08
반죽 앞뒤를 밀대로 밀어 펴 이 음매를 정돈한 다음 버터가 보이 는 면을 몸 앞으로 놓고 폭 27㎝, 두께 7㎜로 밀어 편다.

tip 이때 반죽의 길이보다는 두께가 중요하며 폭은 최종까지 유지된다(버 터가 보이는 면이 폭, 보이지 않는 면 이 길이다).

09

반죽 아랫부분의 ⅓을 가운데로 접는다.

10

윗부분의 ⅓도 가운데로 겹쳐 접은 다음 밀대로 두께 12㎜까지 밀어 편다(3절 접기 1회차).

11

비닐봉지로 밀착시켜 덮고 냉동고에서 15~20분 동안 휴지시킨다.

tip 가능하면 -5℃에서 40분 동안 휴지시키는 것이 더 좋다.

12

3절 접기를 2번 더 반복한 다음(3절 접기 2회차, 3회차) 비닐봉지로 밀착시켜 덮고 냉동고에서 15~20분 동안 휴지시킨다.

tip 본 공정에서는 파이롤러를 사용했으며 기계에 따라 두께 설정에 조금씩 차이가 날 수 있다.

성형

13

최종적으로 반죽을 길이 43㎝, 두께 6㎜로 밀어 펴고 자와 커터를 이용해 사방을 깨끗이 잘라낸 다음 14×13㎝ 직사각형으로 재단해 돌돌 말아준다.

14

이음매 부분을 16×8㎝ 식빵틀 옆면에 붙여서 팬닝한다.

tip 옆면에 붙이지 않으면 반죽이 뒤틀릴 수 있다.

2차 발효

15

온도 28℃, 습도 85% 발효실에서 틀의 높이까지 90분 동안 발효시킨다.

굽기

16

체에 거른 달걀물 시럽을 바르고 윗불 220℃, 아랫불 170℃ 데크 오븐에 20분, 또는 180~190℃ 컨벡션오븐에 18~20분 동안 굽는다.

캐러멜 크러핀

스트레이트법 | 12개 분량

*「크러핀」은 크루아상과 머핀의 합성어이다.

[재료]

반죽

강력분(코끼리)	250g
박력분	250g
무염버터	25g
물A(30℃)	25g
세미드라이이스트(골드)	9g
소금	10g
설탕	45g
달걀	50g
우유	200g
몰트농축액	3g
물B	40g
총 중량	**907g**

필링

충전용 버터	250g

캐러멜 샹티이 크림

설탕	130g
생크림A	216g
생크림B	250g
휘핑크림	125g

마무리

설탕	적당량

[주요 공정]

믹싱 (6단계)	저속 5분 → 중속 4분 반죽 온도 23~25℃
냉동 보관	15일까지 가능
1차 발효 (냉장)	반죽 온도 -1~2℃(약 16~18시간)
밀어 접기	3절 접기(1회차) → 냉동 휴지 15~20분 → 3절 접기(2회차, 3회차) → 냉동 휴지 15~20분
재단	26×5cm 직사각형(지름 5cm 원형틀 기준)
성형	원통형
2차 발효 (발효실)	• 시간 80분 • 온도 28℃ • 습도 85%
굽기	• 데크오븐 윗불 220℃, 아랫불 170℃에서 20분 • 컨벡션오븐 180~190℃에서 18~20분

CHEF's NOTE

캐러멜 샹티이 크림

1 냄비에 설탕을 넣고 불에 올려 캐러멜화시킨다.
2 데운 생크림A를 넣고 캐러멜 소스를 만든 다음 완전히 식힌다.
3 볼에 ②의 캐러멜 소스 135g, 생크림B, 휘핑크림을 넣고 섞는다.

01
믹서볼에 강력분, 박력분, 버터, 물A(30℃)에 푼 이스트를 넣는다.

02
소금, 설탕, 달걀, 우유, 몰트농축액을 섞은 물B를 붓고 저속 5분, 중속 4분 동안 반죽 온도를 23~25℃로 유지하면서 6단계까지 믹싱한다.

03
반죽을 비닐봉지에 넣고 손바닥과 밀대를 이용해 30×22㎝ 직사각형으로 밀어 편 다음 냉동고에 보관한다.

tip 15일 동안 냉동 보관이 가능하다.

04
사용 전날 반죽을 냉장고로 옮기고 -1~2℃가 될 때까지 약 16~18시간 동안 발효시킨다.

tip 최적의 온도는 -1℃이지만 2℃까지도 발효가 가능하다.

05
충전용 버터를 비닐봉지에 넣고 밀대로 두드려 부드러운 상태로 만든 다음 22×16㎝로 성형해 30분 동안 냉장고에 보관한다.

06
냉장고에서 꺼낸 반죽을 밀대를 이용해 충전용 버터의 2배 길이로 밀어 편 다음 충전용 버터를 반죽 가운데에 놓고 반죽 아랫부분의 ¼을 가운데로 접는다.

07
반죽 윗부분의 ¼도 가운데로 접어 버터를 완전히 덮고 이음매를 잘 봉한다.

tip 반죽과 버터의 굳기가 동일해야 한다. 버터가 반죽보다 부드러우면 버터가 옆으로 빠져나올 수 있다.

08
반죽 앞뒤를 밀대로 밀어 펴 이음매를 정돈한 다음 버터가 보이는 면을 몸 앞으로 놓고 폭 27㎝, 두께 7㎜로 밀어 편다.

tip 이때 반죽의 길이보다는 두께가 중요하며 폭은 최종까지 유지된다(버터가 보이는 면이 폭, 보이지 않는 면이 길이다).

09
반죽 아랫부분의 ⅓을 가운데로 접는다.

10
윗부분의 ⅓도 가운데로 겹쳐 접은 다음 밀대로 두께 12㎜까지 밀어 편다(3절 접기 1회차).

11
비닐봉지로 밀착시켜 덮고 냉동고에서 15~20분 동안 휴지시킨다.

tip 가능하다면 -5℃에서 40분 동안 휴지시키는 것이 더 좋다.

12
3절 접기를 2번 더 반복한 다음 (3절 접기 2회차, 3회차) 비닐봉지로 밀착시켜 덮고 냉동고에서 15~20분 동안 휴지시킨다.

tip 본 공정에서는 파이롤러를 사용했으며 기계에 따라 두께 설정에 조금씩 차이가 날 수 있다.

성형

13
최종적으로 반죽을 길이 61㎝, 두께 4㎜로 밀어 펴고 자와 커터를 이용해 사방늘 깨끗이 잘라 내 다음 26×5㎝ 직사각형으로 재단한다. 손가락 크기의 공간을 비워두고 돌돌 말아준다.

tip 반죽 끝쪽을 손으로 납작하게 눌러 마무리한다. 가운데가 막혀 있거나 너무 좁으면 반죽이 밀려 올라와 밑부분에 구멍이 생길 수 있다.

2차 발효

14
밑면에 설탕을 찍어 유산지를 두른 지름 5㎝ 원형틀에 넣은 다음 밀대로 눌러준다. 온도 28℃, 습도 85% 발효실에서 틀에 꽉 찰 때까지 80분 동안 발효시킨다.

굽기·마무리

15
윗불 220℃, 아랫불 170℃ 데크 오븐에 20분, 또는 180~190℃ 컨벡션우브에 18~20분 동안 구운 다음 다시 전체적으로 설탕을 묻힌다.

16
완전히 식으면 바닥에 칼 등의 뾰족한 도구로 구멍을 뚫고 캐러멜 상티이 크림 40g을 짤주머니로 짜 넣는다.

저온숙성법

저온숙성법은 장시간 발효로 재료 본연의 풍미를 배가시키는 건강한 제빵법이다. 이스트가 적게 들어가는 하드 계열 빵에 적합하며, 특히 캉파뉴의 경우 특유의 산미를 한층 더 살릴 수 있다. 소프트 계열의 빵이라도 버터가 많이 들어가는 브리오슈라면 실온보다 저온에서 안정적으로 발효를 진행시킬 수 있으며 버터의 고소한 풍미도 도드라진다. 베이커리를 운영하는 입장에서는 일반적으로 반죽 분할 후 저온숙성을 하는 것이 시간 조절에 더 효율적이겠지만 다양한 활용을 위해 분할 전 숙성도 익혀보자.

통밀 앙버터

저온숙성법 | 8개 분량

[재료]

오토리즈 반죽

강력분(코끼리)	200g
프랑스밀가루 T55	700g
통밀가루	100g
물A	740g
몰트농축액	5g

본 반죽

물B(30℃)	15g
세미드라이이스트(레드)	5g
화이트사워종(p.18 참조)	100g
소금	18g
물C	70g
총 중량	**1,953g**

필링

통팥앙금	640g
무염버터	640g

[주요 공정]

믹싱 (9~10단계)	• **오토리즈 반죽** 저속 3분 • **본 반죽** 저속 2분 → 중속 2분 → 소금 투입 → 중속 2분 → 물C 투입, 반죽 온도 23~25℃
1차 저온 발효 (실온→냉장)	실온 60분 → 접기 → 냉장 12~16시간
실온 발효	• **시간** 120분 　　• **반죽 온도** 16℃
벤치타임	40분
분할	6×15cm
2차 발효 (실온)	60분
굽기	**데크오븐** 윗불 250℃, 아랫불 240℃ 스팀 주입 후 윗불 240℃, 아랫불 210℃로 낮춰 24분
마무리	통팥앙금과 버터를 사이에 넣는다.

CHEF's NOTE

보통은 벤치타임을 15~20분 정도 시키지만 이스트가 적게 들어가는 제품은 글루텐 조직의 재정비에 더 많은 시간이 소요되므로 40~60분 정도 시키는 것이 좋다.

|

01
믹서볼에 강력분, 프랑스밀가루, 통밀가루, 물A, 몰트농축액을 넣고 저속 3분 동안 믹싱한다. 반죽을 20~30분 동안 수화시켜 20~23℃로 만든다.

tip 여름에는 냉장, 겨울에는 실온에서 수화시켜 반죽 온도를 맞춘다.

02
물B(30℃)에 푼 이스트, 화이트사워종을 오토리즈 반죽에 넣는다.

03
저속 2분, 중속 2분 동안 믹싱한 다음 소금을 넣고 중속으로 2분 동안 믹싱한다.

04
반죽이 믹서볼에 달라붙지 않는 상태가 되면 물C를 7번에 나누어 넣고 반죽 온도를 23~25℃로 유지하면서 9~10단계까지 믹싱한다.

tip 물을 조금씩 넣어야 수화가 잘 이루어진다.

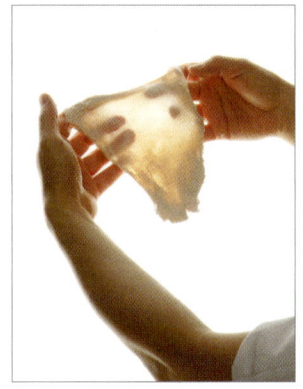   

BAKING TIP

믹싱이 끝난 매끄러운 반죽 상태

05
식용유를 바른 플라스틱 사각통에 반죽을 넣고 실온에서 60분 동안 발효시킨다.

06
반죽을 길게 잡아당겼다가 접는다.

07
접기를 반복해 가스를 뺀다.

08
반죽을 랩으로 밀착시켜 덮고 냉장고에 넣어 12~16시간 동안 발효시킨다.

09
반죽을 실온에 옮기고 120분 후 16℃가 되면 통밀가루를 뿌린 작업대 위에 사각형 모양 그대로 올린다.

10
반죽을 접어서 가스를 뺀다.

11
광목에 올리고 50×30㎝로 만든 다음 반죽 위까지 광목을 덮어 40분 동안 벤치타임을 갖는다.

12
양끝을 잘라내 48×30㎝로 만든다. 반으로 길게 갈라 48×15㎝ 2개로 나누고 다시 6㎝ 단위로 잘라 최종 6×15㎝의 반죽을 16개 만든다.

13
광목 위에 통밀가루를 뿌리고 올려 실온에서 60분 동안 발효시킨 다음 실리콘페이퍼에 옮긴다.

14
윗불 250℃, 아랫불 240℃ 데크오븐에 넣고 스팀 주입 후 윗불 240℃, 아랫불 210℃로 낮춰 24분 동안 굽는다.

tip 컨벡션오븐의 사용은 추천하지 않지만 바닥에 베이킹스톤이나 동판이 깔려있는 경우 250℃에서 스팀 주입 후 200℃로 낮춰 20~25분 동안 굽는다.

15
빵칼을 이용해 반으로 자르고 10분 후 수분이 증발하면 통팥앙금 80g을 바르고 빵 크기에 맞추어 자른 버터 80g을 넣는다.

바질 치즈 캄파뉴

저온숙성법 ㅣ 6개 분량

[재료]

반죽

밀가루(실버스타)	900g
독일호밀가루 T997	100g
세미드라이이스트(레드)	4g
화이트사워종(p.18 참조)	400g
바질	8g
물A	700g
소금	20g
물B	80g
에담 치즈	150g
총 중량	**2,362g**

[주요 공정]

믹싱 (9~10단계)	저속 5분 → 소금 투입 → 저속 2분 → 중속 3분 → 물B 투입 → 치즈 투입, 반죽 온도 23~25℃
1차 저온 발효 (실온→냉장)	실온 60분 → 접기 → 냉장 12~16시간
실온 발효	• **시간** 120분　　　　• **반죽 온도** 16℃
분할	380g
벤치타임	60분
성형	타원형
2차 발효 (실온)	90~120분
굽기	데크오븐 윗불 250℃, 아랫불 250℃ 스팀 주입 후 윗불 230℃, 아랫불 210℃로 낮춰 25분

01

믹서볼에 밀가루, 독일호밀가루, 이스트를 넣고 섞은 다음 화이트 사워종, 잘게 다진 바질, 물A를 넣는다.

02

저속으로 5분 동안 믹싱한 다음 글루텐이 형성되는 2단계에서 소금을 넣고 저속 2분, 중속 3분 동안 믹싱한다.

03

반죽이 볼에 달라붙지 않게 되면 물B를 8번에 나누어 넣고 9~10 단계까지 믹싱한다.

tip 물을 조금씩 넣어야 수화가 잘 이루어진다.

BAKING TIP

믹싱이 끝난 매끄러운 반죽 상태

04

잘게 썬 에담 치즈를 넣고 손으로 부드럽게 섞는다.

05

실온에서 60분 동안 발효시킨 다음 가볍게 접으면서 가스를 뺀다.

06

반죽에 랩을 밀착시켜 덮고 냉장고에서 12~16시간 동안 발효시킨다.

07

반죽을 실온에 옮기고 16℃가 될 때까지 120분 동안 발효시킨다.

tip 실온 발효가 끝난 반죽 상태

08
380g씩 분할해 둥글리기 한 다음 60분 동안 벤치타임을 갖는다.

09
손바닥으로 반죽을 눌러 가볍게 가스를 뺀 다음 반죽 아래쪽 끝을 잡고 위로 둥글게 말아준다.

10
이음매를 꼼꼼히 마무리하고 타원형으로 다듬는다.

11
덧가루를 뿌린 반느통에 반죽의 이음매가 위를 향하도록 넣는다.

12
실온에서 1.5배 크기가 될 때까지 90~120분 동안 발효시킨다.

13
실리콘페이퍼에 뒤집어 옮긴다.

14
비스듬히 칼집을 넣는다.

15
윗불 250℃, 아랫불 250℃ 데크오븐에 넣고 스팀 주입 후 윗불 230℃, 아랫불 210℃로 낮춰 25분 동안 굽는다.

tip 컨벡션오븐의 사용은 추천하지 않지만 바닥에 베이킹스톤이나 동판이 깔려있는 경우 250℃에서 스팀 주입 후 200℃로 낮춰 20~25분 동안 굽는다.

오트밀 캉파뉴

저온숙성법 | 7개 분량

[재료]

오토리즈 반죽

밀가루(선픽스206)	700g
프랑스밀가루 T55	300g
물A	650g

본 반죽

물B(30℃)	15g
세미드라이이스트(레드)	5g
설탕	10g
무염버터	30g
소금	18g

오트밀 탕종 반죽

압착 오트밀(월드그린)	100g
물	300g
총 중량	**2,128g**

마무리

달걀물	적당량
압착 오트밀	적당량

[주요 공정]

믹싱 (9~10단계)
- **오토리즈 반죽** 저속 2분, 중속 1분
- **본 반죽** 저속 2분 → 중속 1분 → 소금, 버터 투입 → 중속 2분 → 오트밀 탕종 투입 → 중속 5분, 반죽 온도 23~25℃

1차 저온 발효 (실온→냉장)
실온 60분 → 접기 → 냉장 12~16시간

실온 발효
- **시간** 120분   **반죽 온도** 16℃

분할
300g

벤치타임
40~50분

성형
타원형

2차 발효 (실온)
90분

굽기
데크오븐 윗불 250℃, 아랫불 240℃ 스팀 주입 후 윗불 240℃, 아랫불 210℃로 낮춰 25분

(CHEF's NOTE)

오트밀 탕종 반죽

1 압착 오트밀을 프라이팬이나 오븐을 이용해 갈색이 될 때까지 굽는다.
2 구운 오트밀과 물을 냄비에 넣고 80~85℃에서 주걱으로 섞으면서 약 350g으로 졸아들 때까지 충분히 가열한다.

tip 완성된 탕종 반죽은 끈기가 있고 입자가 살아있다.
3 하루 동안 숙성시킨 다음 사용한다.

01

믹서볼에 밀가루, 프랑스밀가루, 물A를 넣고 저속 2분, 중속 1분 동안 믹싱한다. 반죽을 20~30분 동안 수화시켜 20~23℃로 만든다.

tip 여름에는 냉장, 겨울에는 실온에서 수화시켜 반죽 온도를 맞춘다.

02

물B(30℃)에 푼 이스트, 설탕을 오토리즈 반죽에 넣고 저속 2분, 중속 1분 동안 믹싱한 다음 버터, 소금을 넣는다.

03

중속으로 2분 동안 믹싱한 다음 7단계에서 오트밀 탕종 반죽을 넣고 중속으로 5분 동안 반죽 온도를 23~25℃로 유지하면서 9~10단계까지 믹싱한다.

BAKING TIP

믹싱이 끝난 매끄러운 반죽 상태

04

반죽을 볼에 담아 실온에서 60분 동안 발효시킨다.

05

반죽을 작업대 위에 올리고 길게 늘였다가 안쪽으로 접으면서 가스를 뺀다.

06

브레드박스에 넣고 반죽에 랩을 밀착시켜 덮은 다음 냉장고에서 12~16시간 동안 발효시킨다.

07

반죽을 실온에 옮기고 16℃가 될 때까지 120분 동안 발효시킨다.

tip 1차 발효가 끝난 반죽 상태

08
300g씩 분할해 둥글리기 한 다음 40~50분 동안 벤치타임을 갖는다.

09
손바닥으로 반죽을 눌러 가볍게 가스를 뺀 다음 반죽의 아래쪽 끝을 잡고 위로 둥글게 말아준다.

10
반죽에 달걀물을 바르고 오트밀을 묻힌다.

tip 달걀물 대신 흰자만 바를 수도 있다.

11
반죽의 이음매가 위를 향하도록 반느통에 넣고 실온에서 90분 동인 발효시킨다.

12
실리콘페이퍼에 뒤집어 옮기고 세로로 비스듬히 칼집을 넣는나(생략 가능).

13
윗불 250℃, 아랫불 240℃ 데크오븐에 넣고 스팀 주입 후 윗불 240℃, 아랫불 210℃로 낮춰 25분 동안 굽는다.

tip 컨벡션오븐의 사용은 추천하지 않지만 바닥에 베이킹스톤이나 동판이 깔려있는 경우 250℃에서 스팀 주입 후 200℃로 낮춰 20~25분 동안 굽는다.

221

초코&화이트초코 캉파뉴

저온숙성법 | 5개 분량

[재료]

반죽

강력분(코끼리)	300g
프랑스밀가루 T65	600g
코코아파우더	100g
화이트사워종(p.18 참조)	250g
몰트농축액	7g
물	750g
소금	18g
총 중량	**2,025g**

필링

초코칩	200g
화이트초콜릿	125g

[주요 공정]

믹싱 (9~10단계)	저속 5분 → 소금 투입 → 저속 7분 → 중속 5분 반죽 온도 23~25℃
1차 발효 (실온)	실온 90분 → 1차 접기 → 실온 60분 → 2차 접기 → 실온 60분
분할	390g
벤치타임	60분
성형	타원형
2차 저온 발효 (실온→냉장)	실온 30분 → 냉장 12~20시간
굽기	**데크오븐** 윗불 240℃, 아랫불 250℃ 스팀 주입 후 윗불 240℃, 아랫불 220℃로 낮춰 25분

01
믹서볼에 강력분, 프랑스밀가루, 코코아파우더를 넣고 골고루 섞은 다음 화이트사워종, 몰트농축액, 물을 넣는다.

02
저속으로 5분 동안 믹싱한 다음 반죽이 뭉쳐지기 시작하면 소금을 넣는다.

03
저속 7분, 중속 5분 동안 반죽 온도를 23~25℃로 유지하면서 9~10단계까지 믹싱한다.

BAKING TIP

믹싱이 끝난 매끄러운 반죽 상태

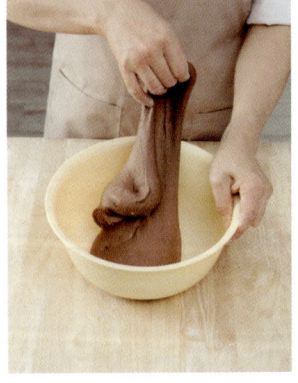

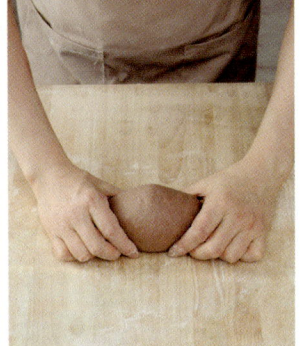

04
실온에서 90분 동안 발효시킨 다음 반죽을 늘였다가 안쪽으로 접으면서 가스를 뺀다.

05
다시 실온에서 60분 동안 발효시키고 가볍게 접으면서 가스를 뺀 다음 실온에서 60분 더 발효시킨다.

06
390g씩 분할해 둥글리기 한 다음 60분 동안 벤치타임을 갖는다. 반죽을 타원형으로 만든다.

07
손바닥으로 눌러 가볍게 가스를 빼며 길게 늘인 다음 초코칩 40g을 골고루 올린다.

08

화이트초콜릿 25g을 올리고 아래에서 위로 가볍게 말아 이음매를 잘 다듬는다.

09

덧가루를 뿌린 반느통에 반죽의 이음매가 위를 향하도록 넣거나 광목에 올린다.

10

브레드박스에 넣고 뚜껑이나 비닐을 덮어 실온에서 30분 동안 발효시킨다.

11

반죽이 반느통 높이까지 부풀도록 12~20시간 동안 냉장고에서 발효시킨다.

12

반죽을 실리콘페이퍼에 뒤집어 올리고 10분 후 냉기가 빠지면 세로로 칼집을 넣는다.

13

윗불 240℃, 아랫불 250℃ 데크 오븐에 넣고 스팀 주입 후 아랫불만 220℃로 낮춰 25분 동안 굽는다.

tip 컨벡션오븐의 사용은 추천하지 않지만 바닥에 베이킹스톤이나 동판이 깔려있는 경우 250℃에서 스팀 주입 후 200℃로 낮춰 20~25분 동안 굽는다.

무화과 통밀 캄파뉴

저온숙성법 ㅣ 5~6개 분량

[재료]

반죽

강력분(코끼리)	300g
프랑스밀가루 T65	600g
통밀가루(밥스레드밀 유기농)	100g
몰트농축액	7g
물	750g
화이트사워종(p.18 참조)	400g
묵은 반죽	400g
소금	18g
총 중량	**2,575g**

무화과 필링

레드와인	300g
물	100g
설탕	80g
반건조 무화과	800g

[주요 공정]

믹싱 (9~10단계)	저속 5분 → 소금 투입 → 중속 5분 반죽 온도 23~25℃
1차 발효 (실온)	실온 90분 → 1차 접기 → 실온 60분 → 2차 접기 → 실온 60분
분할	510g
벤치타임	60분
성형	타원형
2차 저온 발효 (실온→냉장)	실온 30분 → 냉장 12~20시간
굽기	데크오븐 윗불 250℃, 아랫불 250℃ 스팀 주입 후 윗불 250℃, 아랫불 220℃로 낮춰 26분

CHEF's NOTE

무화과 필링

1 냄비에 레드와인, 물, 설탕을 넣고 끓인다.
2 끓어오르면 불에서 내려 반건조 무화과를 넣고 섞는다.
3 하루 동안 숙성시키고 체에 거른 다음 적당한 크기로
   잘라 사용한다. **tip** 최대 10일까지 냉장 보관이 가능하다.

227

01
믹서볼에 강력분, 프랑스밀가루, 통밀가루를 넣고 골고루 섞은 다음 소금을 제외한 나머지 반죽 재료를 넣고 저속으로 5분 동안 믹싱한다.

02
반죽이 뭉쳐지기 시작하면 소금을 넣고 중속으로 5분 동안 반죽 온도를 23~25℃로 유지하면서 9~10단계까지 믹싱한다.

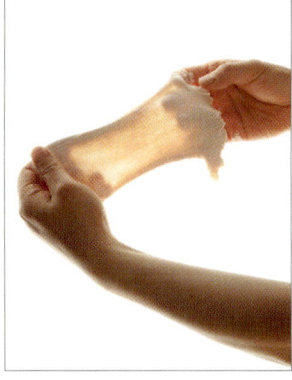

BAKING TIP

믹싱이 끝난 매끄러운 반죽 상태

03
실온에서 90분 동안 발효시킨 다음 반죽을 늘였다가 안쪽으로 접으면서 가스를 뺀다.

04
다시 실온에서 60분 동안 발효시킨 다음 가볍게 접으면서 가스를 빼고 실온에서 60분 더 발효시킨다.

05
510g씩 분할해 둥글리기 한 다음 60분 동안 벤치타임을 갖는다.

06
반죽을 손바닥으로 눌러 둥글게 편다.

07
테두리를 제외한 가운데 부분에 무화과 필링 100g을 올린다.

08
반죽 아래쪽 끝을 잡고 위로 둥글게 말아준다.

09
이음매 부분을 바닥에 대고 잘 다듬는다.

10
고운체를 이용해 반느통에 덧가루를 뿌린다.

11
반죽의 이음매가 위를 향하도록 반느통에 넣는다.

2차 발효

12
브레드박스에 넣고 뚜껑이나 비닐을 덮어 실온에서 30분 동안 발효시킨다.

13
냉장고로 옮겨 12~20시간 동안 발효시킨다.

굽기

14
반죽을 실리콘페이퍼 위에 뒤집어 올리고 10분 후 냇기가 빠지면 세로로 비스듬히 칼집을 넣는다.

15
윗불 250℃, 아랫불 250℃ 데크오븐에 넣고 스팀 주입 후 아랫불만 220℃로 낮춰 25분 동안 굽는다.

tip 컨벡션오브의 사용은 추천하지 않지만 바닥에 베이킹스톤이나 동판이 깔려있는 경우 250℃에서 스팀 주입 후 200℃로 낮춰 20~25분 동안 굽는다.

올리브 시골빵

저온숙성법 ｜ 10~11개 분량

[재료]

오토리즈 반죽

강력분(코끼리) ·············· 300g
밀가루(선픽스206) ········· 700g
물A ······························ 800g

본 반죽

물B(30℃) ····················· 15g
세미드라이이스트(레드) ······· 2g
설탕 ···························· 10g
무염버터 ······················ 30g
소금 ··························· 18g
물C ··························· 100g
블랙올리브 ··················· 200g
총 중량 ···················· **2,175g**

[주요 공정]

믹싱 (9~10단계)	• **오토리즈 반죽** 저속 2분, 중속 1분 • **본 반죽** 저속 3분 → 중속 2분 → 설탕, 버터, 소금 투입 → 중속 3분 → 물C 투입 → 블랙올리브 투입 반죽 온도 23~25℃
1차 저온 발효 (실온→냉장)	실온 60분 → 1차 접기 → 실온 60분 → 2차 접기 → 냉장 16시간~36시간
실온 발효	• **시간** 120분　　　　　• **반죽 온도** 16℃
분할	360g
벤치타임	40분
성형	타원형
2차 발효 (실온)	60~70분
굽기	데크오븐 윗불 240℃, 아랫불 230℃ 스팀 주입 후 윗불 230℃, 아랫불 210℃로 낮춰 40분

01

믹서볼에 강력분, 밀가루, 물A를 넣고 저속 2분, 중속 1분 동안 믹싱한다. 반죽을 20~30분 동안 수화시켜 20~23℃로 만든다.

tip 여름에는 냉장, 겨울에는 실온에서 수화시켜 반죽 온도를 맞춘다.

02

물B(30℃)에 푼 이스트를 오토리즈 반죽에 넣고 저속 3분, 중속 2분 동안 믹싱한다.

03

설탕, 버터, 소금을 넣고 중속으로 3분 동안 믹싱한 다음 물C를 8번에 나누어 넣고 반죽 온도를 23~25℃로 유지하면서 9~10단계까지 믹싱한다.

tip 물을 조금씩 넣어야 수화가 잘 이루어진다.

04

반죽을 볼에 옮겨 슬라이스한 블랙올리브를 넣고 손으로 섞는다.

 BAKING TIP

믹싱이 끝난 매끄러운 반죽 상태

05

실온에서 60분 동안 발효시킨 다음 반죽을 늘였다가 안쪽으로 접으면서 가스를 뺀다.

06

다시 실온에서 60분 동안 발효시킨 다음 작업대 위에서 가볍게 접으면서 가스를 뺀다.

07

볼에 넣고 반죽에 랩을 밀착시켜 덮은 다음 냉장고에서 16~36시간 동안 발효시킨다.

08

반죽을 실온에 옮기고 120분 후 16℃가 되면 360g씩 분할해 둥글리기 한다.

09

40분 동안 벤치타임을 갖는다.

10

손바닥으로 반죽을 눌러 편 다음 한 방향으로 둥글게 말아준다.

2차 발효 굽기

11

덧가루를 뿌린 광목에 올리고 반죽 표면이 마르지 않도록 광목이나 비닐을 넣어 실온에서 60~70분 동안 발효시킨다.

tip 건조한 겨울철에는 광목을 덮으면 반죽 표면이 마를 수 있으므로 비닐을 덮는다.

12

실리콘페이퍼에 옮기고 고운체로 덧가루를 뿌린 다음 세로로 비스듬히 칼집을 넣는다.

13

윗불 240℃, 아랫불 230℃ 데크오븐에 넣고 스팀 주입 후 윗불 230℃, 아랫불 210℃로 낮춰 40분 동안 굽는다.

tip 컨벡션오븐의 사용은 추천하지 않지만 바닥에 베이킹스톤이나 동판이 깔려있는 경우 250℃에서 스팀 주입 후 200℃로 낮춰 20~25분 동안 굽는다.

그린빈 쑥 캉파뉴

저온숙성법 | 6개 분량

[재료]

반죽

강력분(코끼리) ·············· 300g
프랑스밀가루 T65 ········· 700g
화이트사워종(p.18 참조) ·· 300g
묵은 반죽 ····················· 400g
몰트농축액 ······················· 7g
물 ······························· 600g
냉동 참냉쑥(달성 참쑥) ·· 300g
소금 ···························· 18g
총 준량 ················· **2,626g**

필링

믹스콩배기(당적 삼색콩)···· 360g

tip

냉동쑥은 완전히 해동시킨 다음
믹서에 갈아준다.

[주요 공정]

믹싱 (9~10단계)	저속 5분 → 소금 투입 → 중속 5분 반죽 온도 23~25℃
1차 발효 (실온)	실온 90분 → 1차 접기 → 실온 60분 → 2차 접기 → 실온 60분
분할	430g
벤치타임	60분
성형	타원형
2차 저온 발효 (실온→냉장)	실온 30분 → 냉장 12~16시간
굽기	**데크오븐** 윗불 250℃, 아랫불 250℃ 스팀 주입 후 윗불 250℃, 아랫불 220℃로 낮춰 25분

01

믹서볼에 강력분, 프랑스밀가루를 넣고 골고루 섞은 다음 소금을 제외한 나머지 반죽 재료를 넣고 저속으로 5분 동안 믹싱한다.

02

반죽이 뭉쳐지기 시작하면 소금을 넣고 중속으로 5분 동안 반죽 온도를 23~25℃로 유지하면서 9~10단계까지 믹싱한다.

BAKING TIP

믹싱이 끝난 매끄러운 반죽 상태

03

실온에서 90분 동안 발효시킨 다음 반죽을 늘여 안쪽으로 접으면서 가스를 뺀다.

04

다시 실온에서 60분 동안 발효시킨 다음 작업대 위에서 가볍게 접으면서 가스를 뺀다.

05

실온에서 60분 더 발효시킨다.

06
430g씩 분할해 둥글리기 한 다음 60분 동안 벤치타임을 갖는다.

07
길고 둥글게 눌러 편 반죽 가운데에 믹스콩배기 60g을 올리고 한 방향으로 말아준다.

08
이음매를 꼼꼼히 마무리하고 덧가루를 뿌린 반느통에 이음매가 위를 향하도록 넣는다.

09
실온에서 30분 동안 발효시킨 다음 냉장고로 옮겨 12~16시간 동안 발효시킨다.

10
반죽을 실리콘페이퍼 위에 뒤집어 올리고 10분 후 냉기가 빠지면 세로로 비스듬히 칼집을 넣는다

11
윗불 250℃, 아랫불 250℃ 데크오븐에 넣고 스팀 주입 후 아랫불만 220℃로 낮춰 25분 동안 굽는다.

tip 컨벡션오븐의 사용은 추천하지 않지만 바닥에 베이킹스톤이나 동판이 깔려있는 경우 250℃에서 스팀 주입 후 200℃로 낮춰 20~25분 동안 굽는다.

블루베리 캉파뉴

저온숙성법 ㅣ 5~6개 분량

[재료]

반죽

강력분(코끼리) ·············· 300g
프랑스밀가루 T65 ········· 700g
몰트농축액 ························· 7g
물 ····································· 600g
냉동 야생블루베리(IQF) ·· 200g
화이트사워종(p.18 참조) ·· 400g
묵은 반죽 ························ 400g
소금 ································· 18g
총 중량 ············· **2,625g**

필링

당절임 블루베리 ··········· 240g

tip

냉동 야생블루베리는 Crop's사(社)의 유럽산 IQF 야생블루베리를 사용했다. IQF(Individual Quick Frozen)는 개별로 급속 냉동시킨 과일을 뜻한다. 생블루베리를 사용할 경우 반죽 색상이 옅을 수 있다. 냉동 블루베리는 미리 실온에 꺼내 완전히 해동시킨 다음 사용한다.

[주요 공정]

믹싱 **(9~10단계)**	저속 5분 → 소금 투입 → 중속 5~7분 반죽 온도 23~25℃
1차 발효 **(실온)**	실온 90분 → 1차 접기 → 실온 60분 → 2차 접기 → 실온 60분
분할	450g
벤치타임	60분
성형	타원형
2차 저온 발효 **(실온→냉장)**	실온 30분 → 냉장 12~20시간
굽기	**데크오븐** 윗불 250℃, 아랫불 250℃ 스팀 주입 후 윗불 250℃, 아랫불 220℃로 낮춰 25분

239

BAKING TIP

믹싱이 끝난 매끄러운 반죽 상태

01
믹서볼에 강력분, 프랑스밀가루를 넣고 골고루 섞은 다음 소금을 제외한 나머지 반죽 재료를 넣고 저속으로 5분 동안 믹싱한다.

02
반죽이 뭉쳐지기 시작하면 소금을 넣고 중속으로 5~7분 동안 반죽 온도를 23~25℃로 유지하면서 9~10단계까지 믹싱한다.

03
실온에서 90분 동안 발효시킨 다음 반죽을 늘였다가 안쪽으로 접으면서 가스를 뺀다.

04
다시 실온에서 60분 동안 발효시키고 가볍게 접으면서 가스를 뺀다.

05
실온에서 60분 동안 더 발효시킨다.

06
450g씩 분할해 둥글리기 한 다음 60분 동안 벤치타임을 갖는다.

07
반죽을 손바닥으로 눌러 둥글게 편다.

08

테두리를 제외한 가운데 부분에
당절임 블루베리 40g을 올린다.

09

반죽 아래쪽 끝을 잡고 위로 둥
글게 말아준다.

10

이음매 부분을 바닥에 대고 잘
다듬는다.

11

고운체를 이용해 반느통에 덧가
루를 뿌린다.

12

반죽의 이음매가 위를 향하도록
반느통에 넣는다.

2차 발효

13

브레드박스에 넣고 뚜껑이나 비
닐을 덮어 실온에서 30분 동안
발효시킨 다음 냉장고로 옮겨
12 20시간 동안 발효시킨다.

굽기

14

반죽을 실리콘페이퍼 위에 뒤집어
올리고 10분 후 냉기가 빠지면 세
로로 비스듬히 칼집을 넣는다.

15

윗불 250℃, 아랫불 250℃ 데
크오븐에 넣고 스팀 주입 후 아
랫불만 220℃로 낮춰 25분 동
안 굽는다

tip 컨벡션오븐의 사용은 추천하시
않지만 바닥에 베이킹스톤이나 동
판이 깔려있는 경우 250℃에서 스
팀 주입 후 200℃로 낮춰 20~25분
동안 굽는다.

곡물 귀리 캉파뉴

저온숙성법 | 6~7개 분량

[재료]

반죽

밀가루(선픽스206)	500g
프랑스밀가루 T55	450g
통밀가루(밥스레드밀 유기농)	50g
물	780g
삼곡 르방(p.19 참조)	300g
묵은 반죽	400g
몰트농축액	8g
오곡 씨앗믹스	100g
소금	18g
귀리	100g
총 중량	**2,706g**

tip

오곡 씨앗믹스는 유기농 통밀, 렌틸콩,
아마씨, 오트밀, 해바라기씨로 구성된
제품이다. 귀리는 미리 삶아 놓는다.

[주요 공정]

믹싱 (9~10단계)	저속 5분 → 소금 투입 → 중속 7분 반죽 온도 23~25℃
1차 발효 (실온)	실온 90분 → 1차 접기 → 실온 60분 → 2차 접기 → 실온 60분
분할	400g
벤치타임	60분
성형	타원형
2차 저온 발효 (실온→냉장)	실온 60분 → 냉장 12~20시간
굽기	**데크오븐** 윗불 240℃, 아랫불 240℃ 스팀 주입 후 윗불 240℃, 아랫불 210℃로 낮춰 25분

CHEF's NOTE

오곡 씨앗믹스 전처리

볼에 오곡 씨앗믹스와 따뜻한 물 100g을 넣고
60분 동안 불린다.

01
믹서볼에 밀가루, 프랑스밀가루, 통밀가루를 넣고 섞은 다음 물, 삼곡 르방, 묵은 반죽, 몰트농축액, 오곡 씨앗믹스를 넣는다.

02
저속으로 5분 동안 믹싱한 다음 소금을 넣고 중속으로 7분 동안 반죽 온도를 23~25℃로 유지하면서 9~10단계까지 믹싱한다.

03
삶은 귀리를 넣고 손으로 부드럽게 섞는다.

[BAKING TIP]

믹싱이 끝난 매끄러운 반죽 상태

04
실온에서 90분 동안 발효시킨 다음 반죽을 늘였다가 안쪽으로 접으면서 가스를 뺀다.

05
다시 실온에서 60분 동안 발효시킨 다음 작업대 위에서 가볍게 접으면서 가스를 뺀다.

06
실온에서 60분 동안 더 발효시킨다.

07
400g씩 분할해 둥글리기 한 다음 60분 동안 벤치타임을 갖는다.

08
반죽을 눌러 편 다음 위에서부터 아래로 가면서 4번 정도 양끝을 벌렸다가 안으로 모아 접는다.

09
마지막까지 모아 접은 다음 이음 매를 잘 마무리하고 타원형으로 다듬는다.

10
반느통에 덧가루를 뿌리고 이음매 가 위를 향하도록 반죽을 넣는다.

2차 발효　**굽기**

11
브레드박스에 넣고 뚜껑이나 비 닐을 덮어 실온에서 60분 동안 발효시킨 다음 냉장고로 옮겨 12~20시간 동안 발효시킨다.

12
실리콘페이퍼에 반죽을 뒤집어 올리고 10분 후 냉기가 빠지면 세로로 비스듬히 칼집을 넣는다.

13
윗불 240℃, 아랫불 240℃ 데 크오븐에 넣고 스팀 주입 후 아 랫불만 210℃로 낮춰 25분 동안 굽는다.

tip 컨벡션오븐의 사용은 주천하지 않지만 바닥에 베이킹스톤이나 동판 이 깔려있는 경우 250℃에서 스팀 주 입 후 200℃로 낮춰 20~25분 동안 굽는다.

호감 브레드

저온숙성법 | 4개 분량

[재료]

반죽

밀가루(실버스타)	250g
프랑스밀가루 T55	250g
세미드라이이스트(레드)	2g
단호박	200g
감자	100g
화이트사워종	200g
물	240g
소금	11g
에담 치즈	100g
건크랜베리	60g
총 중량	**1,413g**

단호박 당절임

단호박	640g
물	600g
설탕	150g

tip
반죽에 들어갈 단호박과 감자는
미리 쪄서 으깨 놓는다.

[주요 공정]

믹싱 (9~10단계)	저속 5분 → 소금 투입 → 중속 7분 → 치즈, 건크랜베리 투입 반죽 온도 23~25℃
1차 저온 발효 (실온→냉장)	실온 50분 → 접기 → 냉장 12~16시간
실온 발효	•**시간** 120분 　　•**반죽 온도** 16℃
분할	350g
벤치타임	40~50분
성형	타원형
2차 발효 (실온)	100분
굽기	**데크오븐** 윗불 230℃, 아랫불 230℃ 스팀 주입 후 윗불 230℃, 아랫불 200℃로 낮춰 25분

CHEF's NOTE

단호박 당절임
1 단호박은 껍질째 깍뚝썰기 한다.
2 냄비에 모든 재료를 넣고 끓인다.
3 단호박이 익으면 불에서 내려 체에 거른다.
tip 단호박이 너무 무를 때까지 끓이지 않는다.

01

믹서볼에 밀가루, 프랑스밀가루, 이스트를 넣고 섞은 다음 찐 단호박과 감자, 화이트사워종, 물을 넣는다.

02

저속으로 5분 동안 믹싱한 다음 소금을 넣고 중속으로 7분 동안 반죽 온도를 23~25℃로 유지하면서 9~10단계까지 믹싱한다.

tip 단호박과 감자는 품종에 따라 수분 함유량이 다르므로 필요에 따라 믹싱 시간 및 수분 양을 조절한다.

03

잘게 썬 에담 치즈와 건크랜베리를 넣고 손으로 가볍게 섞는다.

(BAKING TIP)

믹싱이 끝난 매끄러운 반죽 상태

04

실온에서 50분 동안 발효시킨 다음 가볍게 접으면서 가스를 뺀다.

05

반죽에 랩을 밀착시켜 덮고 냉장고에서 12~16시간 동안 발효시킨다.

06

반죽을 실온에 옮기고 120분 후 16℃
가 되면 350g씩 분할해 둥글리기 한다.
40~50분 동안 벤치타임을 갖는다.

07

손바닥으로 눌러 가볍게 가스를 빼고
25㎝로 길게 늘여 편 다음 단호박 당
절임 160g을 골고루 올린다.

08

한 방향으로 부드럽게 말고 이음매를
다듬는다.

09

덧가루를 뿌린 광목에 올리고 브레드박
스에 넣어 뚜껑을 덮거나 비닐을 씌워
실온에서 100분 동안 발효시킨다.

10

실리콘페이퍼에 옮긴 다음 고운체로 반
죽 표면에 덧기루를 뿌리고 원하는 모
양으로 칼집을 넣는다.

11

윗불 230℃, 아랫불 230℃ 데크오븐
에 넣고 스팀 주입 후 이랫불만 200℃
로 낮춰 25분 동안 굽는다.

tip 컨벡션오븐의 사용은 추천하지 않지만
바닥에 베이킹스톤이나 동판이 깔려있는 경
우 250℃에서 스팀 주입 후 200℃로 낮춰
20~25분 동안 굽는다.

빵드미

저온숙성법 | 1.5개 분량

[재료]

오토리즈 반죽

강력분(코끼리)	300g
밀가루(선픽스206)	700g
물A	800g

본 반죽

물B(30℃)	15g
세미드라이이스트(레드)	2g
설팅	10g
무연버터	30g
소금	18g
물C	100g
총 중량	**1,975g**

[주요 공정]

믹싱 (9~10단계)	• **오토리즈 반죽** 저속 2분 → 중속 1분 • **본 반죽** 저속 3분 → 중속 2분 → 설탕, 버터, 소금 투입 → 중속 3분 → 물C 투입, 반죽 온도 23~25℃
1차 저온 발효 (실온→냉장)	실온 60분 → 1차 접기 → 실온 60분 → 2차 접기 → 냉장 16시간~36시간
실온 발휴	• **시간** 120분　　• **반죽 온도** 16℃
분할	200g×7개(34×13㎝ 식빵틀 기준)
벤치타임	40분
성형	식빵틀에 팬닝
2차 발효 (발효실)	• **시간** 150분　　• **온도** 30℃ • **습도** 85%
굽기	데크오븐 윗불 230℃, 아랫불 230℃ 스팀 주입 후 40분

01

믹서볼에 강력분, 밀가루, 물A를 넣고 저속 2분, 중속 1분 동안 믹싱한다. 반죽을 20~30분 동안 수화시켜 20~23℃로 만든다.

tip 여름에는 냉장, 겨울에는 실온에서 수화시켜 반죽 온도를 맞춘다.

02

물B(30℃)에 푼 이스트를 오토리즈 반죽에 넣고 저속 3분, 중속 2분 동안 믹싱한다.

03

설탕, 버터, 소금을 넣고 중속으로 3분 동안 믹싱한다. 물C를 8번에 나누어 넣고 반죽 온도를 23~25℃로 유지하면서 9~10단계까지 믹싱한다.

tip 물을 조금씩 넣어야 수화가 잘 이루어진다.

BAKING TIP

믹싱이 끝난 매끄러운 반죽 상태

04

실온에서 60분 동안 발효시킨 다음 반죽을 늘였다가 안쪽으로 접으면서 가스를 뺀다.

05

다시 실온에서 60분 동안 발효시킨 다음 작업대 위에서 가볍게 접으면서 가스를 뺀다.

06
볼에 넣고 반죽에 랩을 밀착시켜 덮은 다음 냉장고에서 16~36시간 동안 발효시킨다.

07
반죽을 실온에 옮기고 120분 후 16℃가 되면 200g씩 분할해 최대한 가볍게 가스를 빼면서 둥글리기 한다. 40분 동안 벤치타임을 갖는다.

08
반죽을 손바닥으로 평평하게 눌러 펴 가스를 뺀 다음 반죽 양끝을 안으로 모아 2번 말아준다.

tip 가스를 너무 많이 빼지 않도록 주의한다.

09
반죽 7개를 34×13㎝ 식빵틀에 차례대로 넣고 온도 30℃, 습도 85% 발효실에서 150분 동안 발효시킨다.

tip 풀먼식빵틀 또는 대식빵틀을 사용한다. 오븐스프링을 고려해 틀의 90%까지 발효시킨다.

10
고운체를 이용해 반죽 표면에 덧가루를 뿌린다.

11
철판을 깔지 않은 채 윗불 230℃, 아랫불 230℃ 데크오븐에 넣고 스팀 주입 후 40분 동안 굽는다.

tip 빵드미와 같이 버터, 달걀, 설탕이 적게 들어가는 제품은 아랫불과 스팀의 힘으로 최대한 빠르게 오븐스프링을 얻어야 볼륨과 식감이 좋기 때문에 철판 없이 굽는다. 컨벡션오븐의 사용은 추천하지 않지만 바닥에 베이킹스톤이나 동판이 깔려있는 경우 250℃에서 스팀을 주입하고 30초 후 다시 스팀 주입 후 200℃로 낮춰 20~25분 동안 굽는다.

시나몬 나이테 브리오슈 식빵

스트레이트법 | 7~8개 분량

[재료]

반죽

강력분(코끼리)	600g
중력분	250g
설탕	200g
분유	30g
소금	15g
세미드라이이스트(골드)	18g
물	100g
우유	130g
달걀	250g
플레인요거트	50g
탕종 반죽(p.24 참조)	150g
무염버터	250g
총 중량	**2,043g**

시나몬 필링

무염버터	90g
우유	320g
설탕	270g
케이크 크럼	320g
호두 분태	150g
시나몬파우더	18g

[주요 공정]

믹싱 **(10단계)**	저속 2분 → 중속 14분 → 탕종 반죽 투입 → 중속 3분 → 버터를 2번에 나누어 투입 → 중속 8분 반죽 온도 23~25℃
1차 저온 발효 **(냉장)**	10~16시간
실온 발효	• **시간** 120분 　　　• **반죽 온도** 16℃
분할	260g(9.5×9.5㎝ 식빵 틀 기준)
성형	식빵틀에 팬닝
2차 발효 **(발효실)**	• **시간** 80분 　　• **온도** 30℃ • **습도** 85%
굽기	• **데그오븐** 윗불 180℃, 아랫불 190℃에서 40분 • **컨벡션오븐** 165~170℃에서 20분

CHEF's NOTE

공정 1의 되기　　공정 2의 되기

시나몬 필링

1 냄비에 버터, 우유, 설탕을 넣고 끓인 다음 케이크 크럼을 넣고 졸인다.
2 호두 분태, 시나몬파우더를 넣고 섞은 다음 불에서 내려 식힌다.
3 120g씩 비닐에 넣고 밀대를 이용해 18×12㎝ 직사각형으로 밀어 펴 바로 사용하거나 냉동고에 보관한다. **tip** 최대 3개월까지 냉동 보관이 가능하다.

01

믹서볼에 강력분, 중력분, 설탕, 분유, 소금, 이스트를 넣고 골고루 섞은 다음 물, 우유, 달걀, 플레인요거트를 넣는다.

02

저속 2분, 중속 14분 동안 믹싱한 다음 6단계에서 탕종 반죽을 넣고 중속으로 3분 동안 믹싱한다.

03

8단계에서 버터를 2번에 나누어 넣고 중속으로 8분 동안 믹싱한 다음 반죽 온도를 23~25℃로 유지하면서 10단계까지 믹싱한다.

믹싱이 끝난 매끄러운 반죽 상태

04

반죽에 랩을 밀착시켜 덮은 다음 반죽을 담은 볼에 다시 랩이나 비닐봉지를 씌워 냉장고에서 10~16시간 동안 발효시킨다.

tip 반죽 양이 많을 경우 반죽을 넓은 통에 적절히 나누어 넣어야 알맞은 온도에서 안정적으로 발효가 이루어진다.

05

반죽을 실온에 옮기고 120분 후 16℃가 되면 260g씩 분할해 둥글리기 한다.

tip 시간을 단축하고 싶을 경우 바로 분할한 다음 16℃가 되면 성형한다.

06

밀대로 길게 밀어 편 다음 반죽 가운데에 시나몬 필링을 올린다.

07

반죽의 한쪽 끝을 가운데로 접는다.

08
다른 한쪽도 가운데로 모아 접고 이음매를 잘 다듬어 봉한다.

09
밀대로 길게 밀어 편 다음 반죽을 뒤집어서 45×20㎝ 크기로 다시 밀어 편다.

10
분무기로 물을 뿌리고 반죽 아래 쪽을 잡고 단단하게 말아준다.

11
이음매 부분을 바닥에 대고 잘 다듬는다.

12
이음매가 바닥을 향하게 놓고 시나몬 필링이 보이도록 세로로 길게 칼집을 넣는디.

13
나이테가 위를 향하도록 둥글게 말아 9.5×9.5㎝ 식빵틀에 넣는다.

2차 발효

14
온도 30℃, 습도 85% 발효실에서 80분 동안 발효시킨다.

tip 오븐스프링을 고려해 틀의 90%까지 발효시킨다.

굽기

15
뚜껑을 닫고 윗불 180℃, 아랫불 190℃ 데크오븐에 40분, 또는 165~170℃ 컨벡션오븐에 20분 동안 굽는다.

브리오슈 오렌지 식빵

저온숙성법 | 10~12개 분량

[재료]

반죽

강력분(코끼리)	1,000g
세미드라이이스트(골드)	17g
소금	17g
설탕	200g
우유	200g
달걀	500g
탕종 반죽(p.24 참조)	200g
무염버터	400g
오렌지필	150g
오렌지제스트	15g
총 중량	**2,499g**

마무리

달걀물	적당량
하겔슈거	적당량

[주요 공정]

믹싱 **(10단계)**	저속 3분 → 중속 9분 → 탕종 반죽 투입 → 중속 2분 → 버터 2번에 나누어 투입 → 중속 7분 → 오렌지필, 오렌지 제스트 투입 → 저속 2분, 반죽 온도 23~25℃
1차 저온 발효 **(냉장)**	10~16시간
실온 발효	• **시간** 120분 • **반죽 온도** 16℃
분할	200g(16×8cm 식빵틀 기준)
성형	식빵틀에 팬닝
2차 발효 **(발효실)**	• **시간** 80분 • **온도** 30℃ • **습도** 85%
굽기	• **데크오븐** 윗불 180℃, 아랫불 190℃에서 28~30분 • **컨벡션오븐** 170℃에서 19분

01
믹서볼에 강력분, 이스트, 소금, 설탕을 넣고 골고루 섞은 다음 우유, 달걀을 넣는다.

02
믹서볼에 붙은 반죽을 고무주걱으로 긁어내리면서 저속 3분, 중속 9분 동안 믹싱한 다음 6단계에서 탕종 반죽을 넣는다.

03
중속으로 2분 동안 믹싱한 다음 8단계에서 버터를 2번에 나누어 넣는다. 중속으로 7분 동안 반죽 온도를 23~25℃로 유지하면서 9~10단계까지 믹싱한다.

BAKING TIP

믹싱이 끝난 매끄러운 반죽 상태

04
오렌지필, 오렌지제스트를 넣고 저속으로 2분 동안 믹싱하거나 손으로 가볍게 섞는다.

05
반죽에 랩을 밀착시켜 덮은 다음 반죽을 담은 볼에 다시 랩이나 비닐봉지를 씌워 냉장고에서 10~16시간 동안 발효시킨다.

06
반죽을 실온에 옮기고 120분 후 16℃가 되면 200g씩 분할해 둥글리기 한다.

tip 시간을 단축하고 싶을 경우 바로 분할한 다음 16℃가 되면 성형한다.

07
밀대를 이용해 25㎝ 길이로 밀어 편다.

08

반죽 아래쪽 끝을 잡고 한 방향
으로 둥글게 말아준다.

09

이음매 부분을 바닥에 대고 잘
다듬는다.

10

반죽을 16×8㎝ 식빵틀에 넣는다.

2차 발효

11

온도 30℃, 습도 85% 발효실에
서 80분 동안 발효시킨다.

tip 오븐스프링을 고려해 틀의 70%
까지 발효시킨다

굽기

12

달걀물을 바르고 가위를 세워 톱
니 모양으로 자른다.

13

하겔슈거를 골고루 뿌리고 윗불
180℃, 아랫불 190℃ 데크오븐
에 28~30분, 또는 170℃ 컨벡
션오븐에 19분 동안 굽는다.

브리오슈 고구마 식빵

저온숙성법 ᅵ 10개 분량

[재료]

반죽

강력분(코끼리)	600g
중력분	250g
설탕	200g
분유	30g
소금	15g
세미드라이이스트(골드)	18g
물	100g
우유	130g
달걀	250g
플레인요거트	50g
탕종 반죽(p.24 참조)	150g
무염버터	250g
총 중량	**2,043g**

아몬드 크림

무염버터	180g
설탕	180g
달걀	160g
박력분	48g
베이킹파우더	2g
아몬드파우더	120g

고구마 당절임

고구마	1,500g
물	1,500g
설탕	375g

마무리

건정깨	적당량
흰깨	적당량

[주요 공정]

믹싱 (10단계)	저속 2분 → 중속 14분 → 탕종 반죽 투입 → 중속 3분 → 버터 투입 → 중속 8분, 반죽 온도 23~25℃
1차 저온 발효 (냉장)	10~16시간
실온 발효	• **시간** 120분 • **반죽 온도** 16℃
분할	200g(16×8㎝ 식빵틀 기준)
성형	식빵틀에 팬닝
2차 발효 (발효실)	• **시간** 80분 • **온도** 30℃ • **습도** 85%
굽기	• **데크오븐** 윗불 180℃, 아랫불 190℃에서 35분 • **컨벡션오븐** 160℃에서 25분

CHEF's NOTE

아몬드 크림

1 볼에 버터를 넣고 부드럽게 푼 다음 설탕을 넣고 거품기로 섞는다.
2 미리 풀어놓은 달걀을 여러 번에 나누어 넣고 섞는다.
3 함께 체 친 박력분과 베이킹파우더, 아몬드파우더를 ②에 넣고 섞는다

고구마 당절임

1 고구마는 껍질째 깍뚝썰기 한다.
2 냄비에 물과 설탕을 넣고 끓인다.
  tip 설탕은 물 대비 25%를 넣는다.
2 고구마를 넣고 익으면 불에서 내려 체에 거른다.

01
믹서볼에 강력분, 중력분, 설탕, 분유, 소금, 이스트를 넣고 골고루 섞은 다음 물, 우유, 달걀, 플레인요거트를 넣는다.

02
믹서볼에 붙은 반죽을 고무주걱으로 긁어내리면서 저속 2분, 중속 14분 동안 믹싱한 다음 6단계에서 탕종 반죽을 넣는다.

03
중속으로 3분 동안 믹싱한 다음 8단계가 되면 버터를 2번에 나누어 넣는다. 중속으로 8분 동안 반죽 온도를 23~25℃로 유지하면서 10단계까지 믹싱한다.

BAKING TIP

믹싱이 끝난 매끄러운 반죽 상태

04
반죽에 랩을 밀착시켜 덮은 다음 반죽을 담은 볼에 다시 랩이나 비닐봉지를 씌워 냉장고에서 10~16시간 동안 발효시킨다.

05
반죽을 실온에 옮기고 120분 후 16℃가 되면 200g씩 분할해 둥글리기 한다.

tip 시간을 단축하고 싶을 경우 바로 분할한 다음 16℃가 되면 성형한다.

06
밀대를 이용해 30㎝ 길이로 밀어 편 다음 아몬드 크림 40g을 바른다.

07
고구마 당절임 150g을 골고루 올린다.

08

반죽 아래쪽 끝을 잡고 위로 둥글게 말아준다.

09

이음매 부분을 바닥에 대고 잘 다듬는다.

10

빵칼을 이용해 3등분으로 자른다.

tip 양끝의 반죽이 가운데 반죽보다 조금 작아야 구웠을 때 높이가 균일해진다.

2차 발효 굽기

11

유산지를 깐 16×8㎝ 식빵틀에 자른 단면이 위를 향하도록 해 넣는다.

12

온도 30℃, 습도 85% 발효실에서 80분 동안 발효시킨다.

tip 오븐스프링을 고려해 틀의 80%까지 발효시키다

13

윗면에 분무기로 물을 뿌린 다음 검정깨와 흰깨를 골고루 뿌리고 윗불 180℃, 아랫불 190℃ 네크 오븐에 35분, 또는 160℃ 컨벡션 오븐에 25분 동안 굽는다

기술자는

자신의 기술을 나눔으로써

더 발전하고 행복해진다고

생각한다

FROZEN
BREAD
DOUGH

베이커리 생산성 향상을 위한

냉동반죽
베이킹

저 자 ㅣ 홍상기
발행인 ㅣ 장상원
편집인 ㅣ 이명원

증보판 1쇄 ㅣ 2025년 9월 25일

발행처 ㅣ (주)비앤씨월드 출판등록 1994.1.21 제 16-818호
주 소 ㅣ 서울특별시 강남구 선릉로 132길 3-6 서원빌딩 3층
전 화 ㅣ (02)547-5233   팩스 ㅣ (02)549-5235   홈페이지 ㅣ www.bncworld.co.kr
블로그 ㅣ http://blog.naver.com/bncbookcafe   인스타그램 ㅣ www.instagram.com/bncworld_books
진 행 ㅣ 권나영   디자인 ㅣ 박갑경   사 진 ㅣ 이재희

ISBN ㅣ 979-11-86519-99-8 13590